LA

VOLIÈRE DES ENFANTS

3ᵉ SÉRIE IN-1

Propriété des Éditeurs.

LA
VOLIÈRE DES ENFANTS

OU

HISTOIRE DES OISEAUX

PAR

A. ESPEISSE.

LIMOGES

EUGÈNE ARDANT ET Cie, ÉDITEURS.

INTRODUCTION.

—

De toutes les classes de la création animée, celle des
oiseaux doit exciter notre plus grande admiration, en
même temps qu'elle est pour nous la source des
jouissances les plus douces. Il est déjà assez étonnant,
qu'un être vivant puisse s'élever dans l'atmosphère, la
parcourir rapidement, et se maintenir dans une sphère
aussi légère ; mais notre étonnement redouble quand
nous examinons les moyens qui favorisent cette ascen-
sion, et nous ne pouvons que nous incliner devant la
sagesse du créateur qui a établi une si belle harmonie
entre les moyens et le but.

Le plumage est pourvu d'une glande d'où suinte une
humeur huileuse, qui ne laisse point pénétrer l'humi-
lité ; les os sont très-légers quoique forts ; les muscles
qui appartiennent aux ailes sont d'une telle étendue,
qu'ils constituent, parfois, près de la sixième partie du
corps ; des vaisseaux d'air s'étendent par toute la ma-
chine, pour ne point arrêter la respiration dans la rapidité du vol. La vue est perçante, et les yeux sont ga-
rantis par une membrane flexible ; en un mot, tout le
corps est organisé d'une manière conforme à la vie aérienne, et rien ne peut empêcher l'oiseau de parcourir

avec autant de rapidité que de sécurité, les régions de l'atmosphère. Il n'est pas seulement cosmopolite de nos deux hémisphères, les trois élémens semblent être son empire.

Malgré cette merveilleuse constitution physique, les habitudes et les mœurs des oiseaux sont encore plus dignes de nos études ; elles offrent, en général, quelque chose de plus instinctif, de plus moral, un sentiment plus épuré que dans tous les autres êtres de la création. Seuls ils connaissent les douceurs du lien conjugal, ils en partagent les plaisirs, en remplissent les devoirs, se soumettent à toutes ses charges ; chez eux, les élans de l'amour sont subordonnés à l'amitié et cèdent à de plus douces affections, à la tendresse pour leur jeune famille.

La migration des oiseaux voyageurs n'est pas moins digne de notre attention, ni moins capable de piquer notre curiosité ; ces voyages périodiques, ces changemens de climat à deux époques déterminées de l'année, soit qu'ils se fassent par instinct, soit qu'ils s'exécutent sous l'influence du besoin et de la nécessité, n'en démontrent pas moins la tendre sollicitude de la Providence envers ces légères créatures.

Racine, dans son poème de *la Religion*, nous a donné une charmante description de la prévoyance, de l'affection des oiseaux pour leurs enfans et de leurs migrations : nous ne pouvons résister au plaisir de la transcrire ici.

Et pourquoi ces oiseaux, si remplis de prudence,
Ont-ils de leurs enfans su prévoir la naissance ?
Que de berceaux pour eux aux arbres suspendus !
Sur le plus doux coton, que de lits étendus !

Le père vole au loin, cherchant dans la campagne
Des vivres qu'il rapporte à sa tendre compagne ;
Et la tranquille mère attendant son secours,
Echauffe dans son sein le fruit de leurs amours.
Des ennemis souvent ils repoussent la rage,
Et dans de faibles corps s'allume un grand courage.
Si chèrement aimés, leurs nourrissons, un jour,
Aux fils qui naîtront d'eux rendront le même amour.
Qnand des nouveaux zéphirs l'haleine fortunée
Allumera pour eux le flambeau d'hyménée,
Fidèlement unis par leurs tendres liens,
Ils rempliront les airs de nouveaux citoyens.
Innombrable famille, où bientôt tant de frères
Ne reconnaîtront plus leurs aïeux ni leurs pères.
Ceux qui, de nos hivers redoutant le courroux,
Vont se réfugier dans des climats plus doux,
Ne laisseront jamais la saison rigoureuse
Surprendre parmi nous leur troupe paresseuse.
Dans un sage conseil par les chefs assemblé,
Du départ général le grand jour est réglé ;
Il arrive, tout part ; le plus jeune, peut-être,
Demande, en regardant les lieux qui l'ont vu naître,
Quand viendra ce printemps par qui tant d'exilés
Dans les champs paternels se verront rappelés.

Selon Cuvier, la classe des oiseaux se divise en six
ordres, et ces ordres se subdivisent en plusieurs familles, lesquelles se subdivisent encore en tribus.
Nous adopterons la classification par ordre, mais nous
n'énoncerons point les subdivisions ; dans un ouvrage
élémentaire de cette nature, nous pensons que ces
subdivisions sont plus propres à embrouiller la mé-
moire qu'à la servir. Nous nous contenterons donc d'en

donner le tableau. Nous ferons encore observer que plusieurs individus ayant des traits de plusieurs ordres à la fois, on leur a assigné une place dans un ordre spécial, quoiqu'ils semblent appartenir à plusieurs, ou même se rapprocher davantage de l'ordre dont on les a exclus, et auquel pourtant on dirait qu'ils doivent appartenir de préférence. Ainsi, par exemple, les grimpereaux qui sembleraient rentrer plus particulièrement dans l'ordre des grimpeurs sont rangés parmi les passereaux. On conçoit que si l'on avait dû classer chaque individu d'après son signalement propre et rigoureusement distinctif, on aurait eu autant d'ordres qu'il existe d'individus dans toute la classe.

DIVISION DES OISEAUX.

1er ordre. — Oiseaux de proie.

Il renferme deux familles ; dans la première rentrent les oiseaux de proie diurne, c'est-à-dire les vautours et les faucons.

Les oiseaux de proie nocturnes, tels que la chouette, le hibou, etc., forment la seconde famille.

2e ordre. — Les passereaux.

Il renferme cinq familles. La première des *dentirostres*, tels que les gobe-mouches, les pies-grièches, etc. Deuxième famille : les *fissirostres*, tels que martinets, hirondelles, etc. Troisième famille : *conirostres*, tels que mésanges, alouettes, etc. Quatrième famille : *ténuirostres*, tels que les colibris, les sittelles, etc.

Cinquième famille : les *syndactyles*, tels que guêpiers, etc.

3ᵉ ordre. — Les grimpeurs.

Cet ordre embrasse les pics, les torcols, les coucous les perroquets.

4ᵉ ordre. — Les gallinacés.

Dans cet ordre se trouvent : les alectors, les paons, les dindons, les peintades, les faisans, les tétrats, les gangas, les perdrix, les pigeons.

5ᵉ ordre. — Les échassiers.

Cet ordre se divise en cinq familles. La première : des *brevi pennes*, tels que les autruches, les casoars, etc. La seconde : les *pressi rostres*, tels que les outardes, les pluviers, etc. La troisième : les *cultirostres*, tels que les agamis, les grues, les hérons, les cigognes, les spatules. La quatrième : les *longirostres*, tels que les ibis, les courlis, les bécasses, les barges, etc. La cinquième : les *macrodactyles*, tels que les rales, les poules d'eau, les kamichis, les foulques, les flamans.

6ᵉ ordre. — Les palmipèdes.

On trouve dans cet ordre quatre familles. La première est celle des *plongeurs* ou *brachyptères*, tels que plongeons, les pingouins, etc. La deuxième : celle des *longipèdes* ou *grands voiliers*, tels que les pétrels, les albatrosses, les mouettes, les hirondelles de mer, etc.

Troisième famille : les *totipalmes*, tels que les pélicans, les anhingas, les oiseaux du Tropique. Quatrième famille : les *lamellirostres*, tels que les canards et les harles.

Ces six ordres tels que nous venons de les donner forment environ quatre mille espèces bien connues, et environ mille espèces non décrites, contenues dans les diverses galeries de l'Europe. L'innée ne compte que douze cents espèces d'oiseaux. Cette énorme différence n'est pas tout-à-fait la conséquence de nouvelles découvertes, elle provient surtout de ce qu'une plus longue expérience a fait découvrir des caractères essentiels entre des individus que Linnée classait dans la même catégorie, et qui méritaient de faire bande à part ; de là est nécessairement venue une multiplicité de divisions.

DURÉE DE LA VIE DES OISEAUX.

Il semble que la nature aie voulu dédommager la classe des oiseaux de la faiblesse de sa constitution par une grande longévité, et quelle se soit complue à prolonger l'existence de ces petites créatures au-delà des bornes assignées à tous les autres êtres vivans. En mettant de côté tout ce que l'on a débité de fabuleux sur la longue vie de l'aigle et des corneilles, nous avons plusieurs faits dignes de foi qui prouvent que plusieurs individus de cette classe vivent beaucoup plus long-temps qu'aucune autre espèce d'animaux. On rapporte qu'un cygne avait vécu trois cents ans ; qu'une oie avait été tuée à l'âge de quatre-vingts ans, lorsqu'elle était assez saine et assez robuste pour faire croire qu'elle aurait encore vécu plus long-temps : on a aussi nourri un onocrotale jusqu'à l'âge de quatre-vingts ans.

Quand il faudrait rabattre quelque chose de ces asser-
tions, il n'en serait pas moins vrai que parmi la classe
des oiseaux se trouvent les doyens d'âge de la création,
puisque l'éléphant, qui est celui dont la vie est reconnue
la plus longue, ne vit pas au-delà de deux siècles, et
'e rhinocéros de soixante-dix à quatre-vingts ans.

COMPARAISON DES OISEAUX AVEC LES QUADRUPÈDES.

Les appétits modifient étrangement, forment presque
le naturel et les mœurs. En comparant donc à cet égard
les oiseaux aux quadrupèdes, il semble que l'aigle,
noble et généreux, est le lion ; que le vautour, cruel et
insatiable, est le tigre ; le milan, la buse, les corbeaux,
qui ne cherchent que les vidanges et les chairs corrom-
pues, sont les hyènes, les loups et les chacals : les
faucons, les autours, les éperviers et les autres oiseaux
chasseurs, sont les chiens, les renards, les onces et les
lynx ; les chouettes qui ne voient et ne chassent que la
nuit, seront les chats ; les hérons, les cormorans, qui
vivent de poissons, seront les castors et les loutres ; les
pics seront les fourmiliers, puisqu'ils se nourrissent de
même, en tirant également la langue pour la charger
de fourmis : les paons, les coqs, les dindons, tous les
oiseaux à jabot, représentent les bœufs, les brebis, les
chèvres et les animaux ruminans. Ainsi, en établissant
une échelle des appétits, et présentant le tableau des
différentes façons de vivre, on retrouvent dans les oiseaux
les mêmes rapports et les mêmes différences que nous
avons observées dans les quadrupèdes)1) , et même les
nuances en seront plus variées. Par exemple les oiseaux pa-

(1) Voir le premier volume de notre collection : *Des quadrupèdes.*

raissent avoir un fonds particulier de subsistance, et les trois règnes semblent être destinés à leur nourriture, comme les trois élémens à leurs jeux. La nature leur a livré tous les insectes que les quadrupèdes dédaignent ; la chair, le poisson , les amphibies , les reptiles , les insectes , les fruits , les grains , les semences , les racines, les herbes, tout ce qui vit ou végéte devient leur pâture, et , comme nous le dirons en son lieu , plusieurs ont un estomac assez robuste pour digérer le caillou. Ils sont même si indifférens sur le choix , que souvent ils suppléent à l'une des nourritures par l'autre. Cette indifférence dans le choix des alimens, chez les oiseaux , est une suite de l'obtusité du goût et de l'odorat , chez la plupart desquels ces deux facultés sont presque nulles.

DISTRIBUTION GÉOGRAPHIQUE DES OISEAUX.

1. EUROPE. — On y trouve les vautours , les aigles , les milans et d'autres oiseaux de proie, diurnes ou nocturnes ; mais ils lui sont communs avec la partie adjacente de l'Asie , et mêmes les grandes espèces habitent également le nord des deux continens ; — les guépiers , les tichidromes, le rollier ; — les grimpeurs y sont en moindre quantité ; — la classe des passereaux y est excessivement nombreuse soit quant aux différentes espèces, soit quant au nombre des individus. — Les échassiers s'y trouvent en abondance ; — les palmipèdes encore en plus grand nombre. — Les gallinacés n'y ont qu'un nombre restreint de genres, et encore ceux-ci sont-ils peu riches en espèces ; nous citerons, la poule domestique naturalisée, le dindon originaire d'Amérique , les perdrix , les bécasses , les cailles , les merles, les ortolans, les oies, les canards.

2. ASIE. — Des oiseaux de toute grandeur et de toute livrée peuplent les diverses zônes de l'Asie. De gigantesques vautours, chaugoun et oricou, des aigles, des buses, des faucons, des chouettes ; — des bandes nombreuses de perroquets, perruches vertes, psittacules, loris, malcohas, coucals, couroucous, etc., etc. ; — diverses tribus de martins-pêcheurs ; ceyx, tanysiptères, choucalcyous ; — calaos, des corbeaux, des mainoles, des pomatorhins, des prinia, des arachnotères, et des centaines d'autres passereaux, tous devenus types de genres, sont les principaux. — Le drongo, le calyptomène vert, l'eurylaime, le myophone, le verdin, sont remarquables par leur beauté ; — le francolin du Pégou, le cryptonyx de Malacca, le luen plus beau que le paon, le faisan du Népâl et vingt autres sont d'une délicatesse exquise. — Quantité de palmipèdes et d'échassiers fréquentent les mers, les fleuves et les ruisseaux.

3. AFRIQUE. — Cette portion du continent n'est pas moins riche que la précédente en créatures ailées. On y trouve : l'autruche, le secrétaire, le chincou, l'oricou, les griffons, de grands vautours, des circaètes, des éperviers, de pygargues qui vivent de poissons, des pies-grièches ; — grand nombre de perroquets, perruches à collier, jaco-gris, etc., les couas et vourroudrious de Madagascar, les souimangas analogues des colibris, les huppes, les veuves, les sénégallis, le coliou exclusif au cap ; — enfin de belles et riches tribus de rolliers, choucas, coucous, guêpiers, échenilleurs, bagadais, manikops, tantales, pluviers, phytotomes, etc., etc. — L'ibis sacré chez les Egyptiens, l'indicateur, l'anthropoïde, l'outarde, les pintades délicieuses, le marabou aux plumes légères , le coucal, le corbivau, l'eurycère, les musophages et les touracos méritent encore à divers titres une mention particulière. — C'était la patrie du Dronte, dont l'existence n'est attestée aujourd'hui que par ses débris. — Beaucoup d'oiseaux de la classe des palmipèdes se trouvent le long des fleuves et des mers , nous citerons les grèbes, les cormorans, les sternes, les pélicans, les rhyncops , les pétrels , les albatros. — Dans l'Afrique australe surtout abondent les grands oiseaux, parmi lesquels nous citerons l'anhinga qui appartient exclusivement à l'Afrique.

4. Amérique. — Outre presque tous les oiseaux qui habitent le nord de l'Asie , on y trouve le casoar, et le nandu ; le sariama ; le condor , et nombre d'autres vautours, aigles et oiseaux de proie tant diurnes que nocturnes ; — les colibris, les aras, les couroucous, les troupiales, des bandes sans fin de passereaux, gallinacés, échassiers, palmipèdes, aux formes gracieuses ou bizarres, aux plumages riches, aux reflets métalliques. Ces oiseaux pour la plupart sont propres à ce continent.

5. Océanie. — Dans la Polynésie se trouvent : le moho, l'éorotair, la tourterelle kurukuru, des colombes de grosse taille, des merles, des coucous, des poules domestiques, beaucoup d'espèces aquatiques. Dans la Malaisie et l'Australie, on voit : le cygne noir, le kakatoès blanc, le moucherolle crépitant, le loriot prince régent, le céréopsis, les cassicans, le menure, peut-être le plus beau des oiseaux.

PREMIER ORDRE.

—

OISEAUX DE PROIE.

Les oiseaux qui appartiennent à cet ordre ont le bec crochu, la pointe aiguë et recourbée vers le bout ; leurs narines sont percées dans une membrane appelée *cire*, dont la base du bec est recouverte ; les jambes sont totalement revêtues de plumes, les tarses rarement allongés, tantôt nus, tantôt emplumés en tout ou en partie, ils ont tous quatre doigts ; trois de ces doigts se portent en avant, le quatrième en arrière ; c'est le pouce ; ils sont armés de serres ou ongles vigoureux, mobiles, rétractiles, arqués, pointus ou émoussés. Les oiseaux de proie ne se réunissent presque jamais par troupe, ou en famille ; mais ils vivent en général par paires. Si dans quelques endroits on les voit formés en grandes troupes, ce n'est que parce qu'ils sont attirés par quelque proie ; cette réunion s'est opérée sans concert et n'est en rien instinctive. Ceux qui, comme l'aigle, ont besoin de plus de subsistance, ne souffrent pas même que leurs petits, devenus leurs rivaux, viennent occuper les lieux voisins de ceux qu'ils habitent. Ils sont en général moins féconds que les autres oiseaux, et ne pondent pour la plupart qu'un petit nombre d'œufs.

LE VAUTOUR.

PARMI la classe de ces oiseaux, le vautour doré,
l'aquilin ou vautour d'Égypte, celui du Cap du Brésil
occupent le premier rang. Ils ont tous la même indolence, la même voracité, et exhalent tous une odeur
rebutante. Le vautour doré, si nous en exceptons le
condor, se place à la tête de l'espèce ; il est long d'environ quatre pieds et demi, depuis l'extrémité du bec
jusqu'à la queue, et pèse ordinairement quatre ou cinq
livres. La tête et le cou sont couverts d'un poil épais ;
le cou est entouré d'une peau rouge, qui, dans l'éloi-
gnement, donne à l'oiseau l'apparence du coq-d'inde.
Les yeux sont plus avancés que ceux de l'aigle. Tout le
plumage est cendré, nuancé de rouge et de jaun

jambes sont d'une forte couleur de chair, et les ongles sont noirs. L'aquilin mâle est entièrement bleu, à l'exception des plumes du tuyau, qui sont d'un noir grisâtre. La femelle est brune, à l'exception des plumes du tuyau. Le vautour du Cap offre une grande ressemblance avec cette dernière espèce, mais sa tête est d'un bleu brillant, couvert d'un jaune sombre, et son plumage tient en quelque chose de la couleur du café.

Quoique totalement inconnu en Angleterre, le vautour se trouve communément dans plusieurs parties de l'Europe et de l'Égypte, dans l'Arabie, dans beaucoup d'autres royaumes de l'Asie et de l'Afrique, où on en voit un grand nombre.

En Égypte et particulièrement au grand Caire, ils forment de grandes troupes, qui rendent aux habitants un service très-important, en les débarrassant des chairs mortes, qui finiraient par infecter l'air. Les anciens Égyptiens savaient tellement apprécier les services de ces oiseaux que le meurtre d'un vautour était considéré comme un crime capital.

Dans le Brésil, ces oiseaux ne sont pas d'une moindre utilité ; ils arrêtent la dangereuse multiplication des crocodiles. La femelle des crocodiles pond souvent ses œufs au nombre d'un à deux cents, sur les bords d'une rivière, et les couvre soigneusement de sable pour les soustraire aux yeux des autres animaux. Dans le même temps, plusieurs vautours suivent ses mouvemens à travers les branches d'un arbre voisin : à son départ, ils s'encouragent l'un l'autre par de hauts cris, fondent sur les lieux, dépouillent les œufs de leurs coquilles, et les dévorent en peu d'instans. En Palestine, ils rendent des services infinis, en détruisant les nombreux essaims de rats et de souris, qui, si on ne les arrêtait pas, dévoreraient tous les fruits de la terre.

Les vautours font leur aire sur les rochers les plus éloignés et les plus inaccessibles, et ne produisent qu'une fois par année. Ceux d'Europe descendent rarement dans la plaine, excepté lorsque les rigueurs de l'hiver ont banni de leur retraite naturelle tous les êtres vivans. Ils peuvent endurer la faim pendant un très-long espace de temps. Leur chair est maigre et rebutante.

LE CONDOR.

Le condur, ou condor, habite l'Amérique du Sud. Il appartient à l'espéce du vautour, et surpasse pour la taille le plus grand des aigles. Les ailes quand elles sont déployées, ont quelquefois jusqu'à dix-huit pieds d'étendue ; mais dix à treize pieds semblent être la mesure ordinaire. Les grandes plumes des ailes, d'un blanc clair, ont deux pieds quatre pouces de long.

La force et l'étendue de son corps, de son bec, de ses pieds, sont en proportion, et son courage est égal à la vigueur de ses muscles. La gorge est nue et d'une teinte rougeâtre. Un duvet brun environne la tête, et ses yeux sont entourés d'un cercle rouge brunâtre. Le plumage de la poitrine, du cou et des ailes, est d'un brun léger ; celui du dos est plus foncé et quelquefois tirant sur le noir. Les cuisses, qui sont fortes et hautes, sont couvertes d'écailles noires, et ses doigts sont armés d'ongles de la même couleur. On prétend que le condor est capable de dévorer une brebis en entier ; et quelques écrivains ont assuré que deux condors tuent et dévorent un taureau. Ils commettent de grandes dévastations dans les troupeaux, et souvent même, on en a vu enlever des enfans. Les naturels du pays leur fontpour cette raison une guerre continuelle, et recourent à différens moyens pour les détruire. Ils font leur aire sur les rochers les plus élevés et les moins accessibles. La femelle pond deux œufs blancs, un peu plus gros que ceux de la poule d'inde.

L'AIGLE.

L'AIGLE occupe parmi les oiseaux le même rang que le lion parmi les quadrupèdes. Buffon a établi entre eux un parallèle où il déploie son éloquence ordinaire. « L'aigle, dit-il, a plusieurs convenances avec le lion:
» la magnanimité ; il dédaigne également les petits
» animaux et méprise leurs insultes. Ce n'est qu'après
» avoir été long-temps provoqué par les cris importuns
» de la corneille et de la pie, que l'aigle se détermine
» à les punir de mort. Il ne veut d'autre bien que
» celui qu'il conquiert, d'autre proie que celle qu'il
» prend lui-même : la tempérance, il ne mange pres-
» que jamais son gibier en entier, et laisse, comme le
» lion, les débris et les restes aux autres animaux.
» Quelque affamé qu'il soit, il ne se jette jamais sur les
» cadavres. Il est encore solitaire comme le lion, ha-
» bitant d'un désert dont il défend l'entrée et la chasse
» à tous les autres oiseaux ; car il est peut-être encore
» plus rare de voir deux paires d'aigles dans la même
» portion de montagnes, que deux familles de lions
» dans la même partie de forêt. Ils se tiennent assez
» loin les uns des autres, pour que l'espace qu'ils se

» sont départi leur fournisse une ample subsistance :
» ils ne comptent la valeur et l'étendue de leur royaume
» que par le produit de la chasse. L'aigle a de plus les
» yeux étincelans et à peu près de la même couleur que
» ceux du lion, les ongles de la même forme, l'haleine
» tout aussi forte, le cri également effrayant. Nés tous
» deux pour le combat et la proie, ils sont également
» ennemis de toute société, également fiers et difficiles
» à réduire. On ne peut les apprivoiser qu'en les prenant
» tout petits. »

Ce parallèle est de la plus grande exactitude, abstrac-
tion faite cependant de ce qui regarde la voix de l'aigle

qui est un fausset perçant dépourvu de grandeur , tandis que la voix du lion est une basse profonde et épouvantable.

De toute cette espèce, l'aigle doré est le plus grand et le plus majestueux. Il a trois pieds de long, et l'envergure de ses ailes, d'une extrémité à l'autre , est de sept pieds et demi. Il pèse environ quatorze livres.

La tête et le cou sont couverts de plumes aiguës d'un brun sombre, bordé de tan ; tout le corps est également d'un brun cendré ; la queue est brune , irrégulièrement nuancée d'une couleur cendrée obscure ; le bec est d'un bleu sombre, et les yeux couleur de noisette. Les jambes sont jaunes, fortes, et couvertes de plumes jusqu'aux pieds ; les doigts sont armés de formidables serres.

Des rochers élevés, des ruines de châteaux solitaires des tours isolées, voilà les places que l'aigle choisit pour sa demeure. Les nids des oiseaux sont ordinairement creux, l'aire de l'aigle est plate. La base consiste en perches de cinq à six pieds de long , appuyées par les deux bouts et traversées par des branches recouvertes de lits de joncs et de bruyères. Elle forme un carré d'environ deux verges et sert à l'oiseau, dit-on, pour toute sa vie. La femelle pond ses œufs en trente jours; elle n'en pond jamais plus de deux ou de trois. L'aigle peut être apprivoisé s'il est pris jeune. Mais dans la domesticité même il conserve ses mauvaises inclinations ; il n'est pas prudent de l'irriter, car telle est sa force que presque aucun quadrupède ne peut se mesurer avec lui; et on l'a même vu tuer un homme d'un coup de son aile. L'aigle est d'une très-grande longévité : on a la certitude qu'un aigle a été gardé en prison pendant tout un siècle. Il peut supporter la privation de nourriture pendant près de trois semaines ; degré d'abstinence dont très-peu d'autres animaux sont capables.

L'AIGLE NOIR, ou COMMUN.

Cet oiseau se trouve dans les climats les plus chauds comme les plus froids ; il habite ordinairement les rochers les plus escarpés et les plus inaccessibles. Il a environ deux pieds dix pouces de long, et la couleur générale de son plumage est noirâtre. La tête et la partie supérieure de son cou sont cependant nuancées de jaune ; la partie inférieure de la queue est blanche avec des points noirs, l'autre moitié est noirâtre. Il est assez fort pour tuer un chien beaucoup plus grand que lui. L'abbé Spallanzani ayant fait entrer de force un chien dans un appartement où il y avait un aigle, l'oiseau aussitôt hérissa les plumes de sa tête et de son cou, jeta un regard menaçant sur sa victime, et prenant un prompt essor, s'élança immédiatement sur son dos, d'un de ses pieds il se tint sur le cou, ce qui ne permettait pas au chien de tourner la tête pour mordre, de l'autre il saisit un de ses flancs en même temps qu'il lui enfonça ses serres dans le ventre ; et dans cette attitude il attendit la mort lente et douloureuse du chien. Quand sa victime eut cessé de vivre, avec son bec, jusqu'alors inactif, il creusa une petite ouverture dans la peau. Cette ouverture s'élargit insensiblement, et l'oiseau se mit à déchirer, à dévorer la chair. L'homme qui s'est donné ce cruel spectacle, mérite peut-être autant de blâme que l'aigle qui attaqua sa proie d'une manière aussi brutale.

L'ORFRAIE, ou L'AIGLE PÊCHEUR.

CET oiseau est presque aussi grand que l'aigle doré ;
a près de trois pieds et demi de longueur, mais l'envergure de ses ailes ne dépasse pas sept pieds. Son bec
est grand, très-courbé et d'une couleur bleuâtre; l'iris
dans quelques-uns est couleur de noisette, dans
d'autres, il est jaune. Dessous le bec jusqu'à la gorge,
pend une barbe de plumes, ce qui lui a fait donner le
nom d'aigle barbu. Le dessous de la tête et le côté
gauche du cou sont d'un gris sombre tirant sur le noir.
Les plumes du dos sont nuancées d'une légère teinte
brunâtre, avec des points cendrés. Les scapulaires sont
d'un brun pâle ; la poitrine et le ventre sont blanchâtres avec des taches brunes irrégulièrement dis-

2

posées ; les pennes du tuyau et des cuisses sont d'une couleur sombre ; les jambes et les pieds sont jaunes ; les ongles, qui sont larges, forment un demi-cercle complet ; ils sont d'un noir luisant, et ont cette singularité dans leur conformation, que le doigt extérieur peut se recourber en arrière, ce qui donne à l'oiseau le moyen de mieux s'assurer de sa proie.

On le trouve dans différentes parties de l'Europe et de l'Amérique. Il est aujourd'hui répandu au loin : le capitaine Cook l'a introduit dans Botany-Bay. Il ne vit que de poissons et se tient ordinairement près des côtes de la mer ; il fréquente aussi les bords des rivières et des lacs ; et l'on dit qu'il voit assez distinctement dans les ténèbres pour poursuivre sa proie au milieu des ombres de la nuit.

Il niche dans les roseaux ; la femelle pond trois ou quatre œufs blancs, qui sont un peu plus petits que ceux de la poule. Il y a de fréquens combats entre l'orfraie et le balbusard ; ils se disputent souvent la même proie.

LE SECRETAIRE, ou LE MESSAGER.

CE singulier oiseau ressemble au faucon ordinaire par sa tête, son bec et ses serres ; mais ses jambes sont si longues, que lorsqu'il se tient droit, il ne ressemble pas mal à la grue. Dans cette situation, il a près de trois pieds depuis le sommet de la tête jusqu'au sol ; il est originaire de l'intérieur de l'Afrique, de l'Asie et des îles Philippines. La tête, le cou, le dos et les couvertures des ailes sont d'un gris bleuâtre, il a du noir aux pennes des ailes et de la queue, et du noir mêlé de gris sur les jambes. Un paquet de longues plumes d'une couleur foncée, pend derrière son cou; ce paquet, qu'il peut diriger à son gré, lui a fait donner, par les colons hollandais du Cap, le nom de secrétaire. Les Hottentots, cependant, l'appellent le mangeur de serpens en raison de l'avidité avec laquelle il prend et dévore ces reptiles nuisibles. Il montre une grande intelligence dans sa manière de s'en emparer : en s'approchant d'un serpent, il place en avant la pointe d'une de ses ailes, pour se garantir de sa morsure, et attend le moment favorable de s'élancer sur lui ; il le saisit alors par la queue, l'enlève dans l'air où, après l'avoir long-temps fatigué, il le tue et le dévore à loisir.

Monsieur Le Vaillant donne la description d'un de ces combats. Convaincu de l'infériorité de ses forces, le serpent tâche de ragagner son trou ; mais le faucon, par un seul saut, le dévance et lui coupe la retraite. De quelque côté que le reptile se tourne pour échapper, son ennemi lui fait face. Le serpent ensuite se dresse pour intimider l'oiseau, siffle d'une manière redoutable, déploie son gosier menaçant, ses yeux s'enflamment, et sa tête se gonfle de rage et de venin. Cela produit une suspension momentanée d'hostilité ; mais l'oiseau retourne bientôt à la charge, et se couvre le corps d'une de ses ailes comme d'un bouclier. Il frappe son ennemi de la protubérance osseuse de l'autre. Le serpent enfin terrassé, l'oiseau lui ouvre le crâne d'un seul coup de bec.

Ce singulier oiseau peut être apprivoisé : il devient alors très-privé et familier. Cependant s'il est pressé par par la faim, il dévore les jeunes canards et les petits poulets ; lorsqu'il est rassasié, il vit avec la volaille en grande amitié, et quand il en voit en querelle, il accourt séparer les combattans. Ce qui les distingue encore de tous les autres individus de la race ailée, c'est que ces oiseaux, en volant, poussent toujours leurs jambes en avant.

LE FAUCON.

Cet oiseau élégant, plus grand que le vautour, appartient aux climats froids du nord, et se trouve en Russie, dans la Norwége et l'Islande ; on ne le voit jamais dans les pays chauds ; et rarement dans ceux tempérés. Après l'aigle, il est le plus redoutable, le plus agile et le plus intrépide des oiseaux de proie. Il est très-estimé pour la fauconnerie. Il a été transporté de l'Islande et de la Russie, en France, en Italie, et même jusque dans la Perse ; mais la chaleur de ces climats diminue sa force et altère sa vivacité. Il attaque les plus grands individus de la race ailée. La cigogne, le héron et la grue, deviennent facilement ses victimes. Il tue les lièvres, en fondant sur eux d'un vol précipité. La femelle, comme chez tous les oiseaux de proie, est beaucoup plus grande et plus forte que le mâle, dont on se sert en fauconnerie pour la chasse du milan, du héron et de la grue. Son bec est très-courbé et jaune ; l'iris est cendré, la gorge est blanche, ainsi que presque tout son plumage, mais tachetée de brun. La poitrine et le ventre sont marqués de lignes pointées au-dedans ; les taches du dos et des ailes sont plus fortes. Les pennes des cuisses sont très-longues et d'un blanc pur, celles de la queue sont barrées. Les jambes sont d'un bleu pâle et couvertes de plumes jusqu'au genou.

Il y a une variété de cette espèce appelée faucon de

passage, qui se montre rarement dans la Grande-Bretagne. Il est de la taille du busard : son bec est bleu à sa base, et noir à l'éxtrémité ; l'iris des yeux est jaune ; le dessus du corps est élégamment traversé de lignes noires et bleues ; la poitrine est d'un blanc jaunâtre, traversé de quelques lignes sombres ; le ventre, la queue sont rayés de lignes alternativement bleues et noires ; les cuisses sont jaunes, les ongles noirs.

LE MILAN

De toute l'espéce du faucon le milan est le mieux connu et le moins noble. Il se distingue des autres de la même classe, par sa queue fourchue et par les rayons circulaires qu'il décrit dans l'air, lorsqu'il se dispose à fondre sur sa proie. Il semble en effet se soutenir en l'air sans faire le moindre effort pour voler. Comme il y a peu d'oiseaux qui ne puissent lui échapper, il ne trouve, pour ainsi dire, sa subsistance que dans les victimes que

le hasard lui amène ; et on doit le considérer comme un
brigand artificieux et sans miséricorde. Malheur à l'oiseau blessé, ou au poussin égaré du sein de sa mère: le
milan ne leur fera point grâce. La faim le réduit quelquefois à des actes de désespoir. Nous en avons vu un
voler en cercles pendant quelque temps pour reconnaître
une couvée de poussins, puis fondre sur sa faible proie
et l'enlever ; les père et mère remplissaient en vain l'air
de leurs cris, et les enfans voulurent inutilement le
chasser en lui jetant des pierres pour lui faire lâcher
prise. Cet oiseau est commun en Angleterre où il demeure presque toute l'année. On le trouve dans différentes parties de l'Europe, dans les latitudes septentrio-
nales : il se retire en Égypte vers l'hiver ; on dit qu'il
y fait ses jeunes et retourne vers le mois d'avril en Europe, où il produit une seconde fois, contrairement à
la nature des oiseaux de proie en général. La femelle
pond deux ou trois œufs d'une couleur blanche, tachetés d'un jaune pâle et d'une forme ronde. Pour la taille,

le milan est plus haut que le busard commun ; il a de grands yeux, les jambes et les pieds jaunes et les serres noires. La tête et le dos sont d'une teinte pâle cendrée ; son cou est rougeâtre ; les plumes qui couvrent le tuyau des ailes sont rouges, avec les points noirs au centre ; et l'extrémité des ailes est mi-colorée de noir, de rouge et de blanc.

LA BUSE.

La buse, qui est l'espèce de faucon la plus répandue dans nos pays, a près de vingt pouces de long et quatre pieds d'envergure. Les parties inférieures du corps sont pâles, nuancées de brun ; les parties supérieures des ailes et de la queue, sont d'un brun cendré, le dessous de la queue est grisâtre avec de petites taches blanches ; les jambes sont jaunâtres, les ongles noirs ; le bec est plombé et crochu. Quoique vigoureux et actif, cet oiseau est d'une telle lâcheté qu'il suffit de l'épervier pour le mettre en fuite ; et lorsqu'il est surpris, il s'offre de lui-même aux coups, et tombe à terre sans faire la moindre résistance : son indolence égale sa poltronnerie, il se tient perché sur la même branche pendant la plus grande partie du jour : il est d'une telle paresse qu'il se construit rarement un nid, se contentant de réparer des nids de corneille, qu'il garnit de laine et d'autres matériaux mollets. Les rats, les souris, et souvent de la chair en putréfaction composent sa subsistance.

Mais il faut aussi rendre justice aux bonnes qualités de la buse ; elle se laisse facilement apprivoiser, s'attache à son maître, le suit dans ses courses avec la fidélité d'un chien, et oublie, à la longue, la vie sauvage des bois.

Cet oiseau a une antipathie singulière pour les chapeaux, surtout pour les coiffes rouges : il ne manque jamais de les enlever de la tête et de les porter au haut d'un arbre, où il établit le magasin de ses vols.

La buse passe pour un modèle de tendresse paternelle; et Rey assure que le mâle de la buse nourrit et soigne ses petits, lorsqu'on a tué la mère. Les œufs de cet oiseau sont blancs et nuancés de jaune.

LE BUSARD.

Cet oiseau a près de vingt-un pouces de long, le bec noir, les yeux et l'iris jaune; toute la couronne de la tête est d'un blanc jaunâtre, légèrement nuancée de brun, la gorge est d'une légère teinte de rouille, le reste du plumage est d'un brun rougeâtre, les grandes couvertures des ailes tachetées de blanc; les jambes sont jaunes, et les ongles noirs

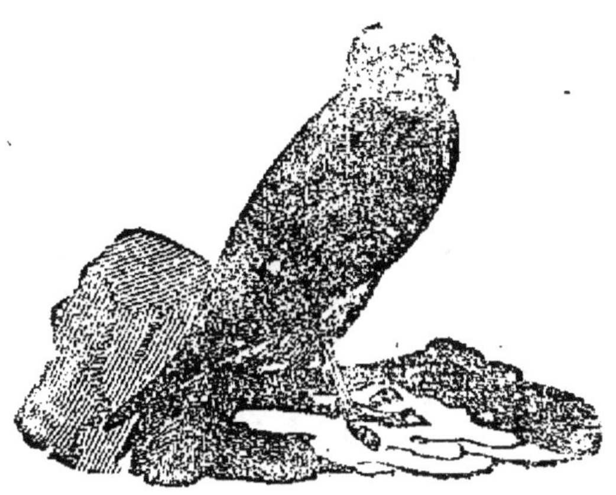

Des lapins, de jeunes canards sauvages et d'autre
gibier d'eau lui servent de pâture; quelquefois aussi
il se nourrit de poissons, de grenouilles, de reptiles et
même d'insectes. Il se tient dans les haies et dans les
buissons à portée des étangs et des rivières poison-
neuses. Il fait son nid à peu de hauteur de la terre,
ou sur des mottes couvertes d'herbes épaisses. La femelle pond trois à quatre œufs d'une couleur blanchâtre, irrégulièrement tachetés de points obscurs. Quoique plus petit que la buse, il est plus actif et plus
hardi. Lorsqu'il est poursuivi, il tient tête à son adver-
saire, et fait une défense vigoureuse.

L'AUTOUR.

Cet oiseau est quelquefois plus long que le busard,
mais il est plus délié et plus beau : le bec est bleu,
nuancé de blanc, l'iris vert, les yeux jaunes. Au-dessus
de chaque œil, il y a une ligne blanchâtre. La tête et
toutes les parties supérieurs du corps sont d'un brun

sombre, et chaque côté du cou est irrégulièrement
marqué de blanc. Le ventre et le dessous de la gorge
sont blancs, avec plusieurs bandes onduleuses noires;
la queue est longue, d'un gris cendré, avec quatre ou
cinq raies transversales, d'un gris sale. Les cuisses sont
jaunes, les ongles noirs; les ailes sont beaucoup plus
courtes que la queue.

Il se nourrit de souris et de petits oiseaux, et dévore
avidement la chair crue. Il plume les oiseaux avec beaucoup de dextérité et les dépèce avant de les dévorer;
mais il avale les souris en entier, et rejette souvent par
le vomissement les peaux roulées de celles qu'il a
avalées.

L'autour se trouve en France et en Allemagne; il
n'est pas fort commun en Angleterre; mais on le rencontre fréquemment en Écosse, où il se tient sur les
grands arbres, et détruit quantité de petit gibier. Il y
a dans la Tartarie chinoise une variété qui est bigarrée
de brun et de jaune, et que les grands du pays dres-
sent à la chasse.

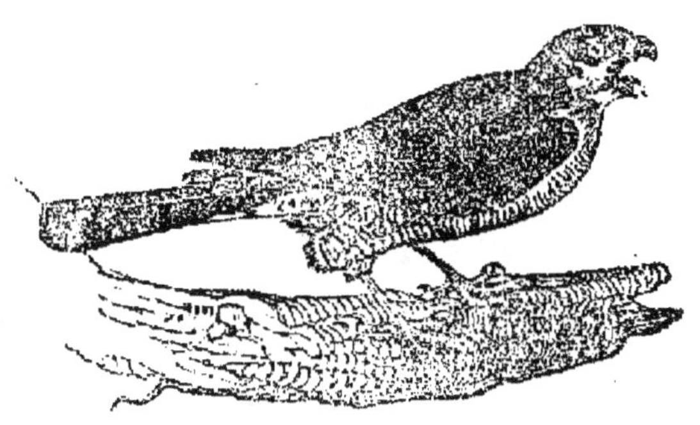

L'EPERVIER.

CET oiseau est un peu plus grand que le pigeon ordinaire. Le mâle a près de douze pouces de long, et la
femelle plus de quinze. Il a le bec bleu et crochu,
l'iris jaune, la langue charnue, échancrée, les tarses
allongés. La couleur de l'œil est orange-clair. Le plumage des ailes et de la partie supérieure du corps est
d'un brun nuancé d'un jaune obscur ; les parties inférieures sont blanches dans les uns et rousses dans les
autres.

L'épervier se trouve en grand nombre dans différentes parties de la terre, depuis la Russie jusqu'au
cap de Bonne-Espérance. La femelle fait son nid au
sommet des rocs, sur des ruines, dans le creux des
arbres ; quelquefois elle se contente des nids de corneille abandonnés. Elle pond ordinairement quatre ou
cinq œufs qui sont marqués de points rougeâtres à leur
extrémité.

De tous les oiseaux de proie, l'épervier est le plus
facile à apprivoiser, et celui qui s'attache le plus à son

maitre. Dans son état sauvage, il commet de grands
ravages parmi les petites races d'oiseaux ; ses visites
destructives aux basses-cours, le rendent un objet de
terreur pour les fermiers. Il est d'une si grande intré-
pidité, que la présence de l'homme ne l'arrête pas
dans la poursuite de sa proie.

L'ÉMÈRILLON.

L'ÉMÈRILLON est un peu plus grand que le merle, et
conséquemment le plus petit des oiseaux de proie. Il
a le bec bleu, l'iris jaune, la tête d'une couleur sombre, avec des raies noires ; la poitrine et le ventre
sont d'un blanc jaunâtre. Quand les ailes sont fermées, elles ne couvrent pas l'extrémité de la queue.
Les jambes sont jaunes, les ongles noirs.

Malgré sa petite taille, cet oiseau est d'un courage
remarquable. On le dressait anciennement à la chasse
aux alouettes, aux perdrix et aux cailles, qu'il tuait
souvent d'un seul coup, en les saisissant par la gorge,

la tête ou le cou. Cette espèce diffère du faucon et de tous les oiseaux de proie, en ce que le mâle et la femelle sont de la même taille. L'émérillon ne niche pas chez nous; il ne vient nous voir que dans le mois d'octobre. Il vole lentement et avec mollesse. Il se nourrit de petits oiseaux, et se tient dans les bois : il pond cinq ou six œufs.

L'ÉCORCHEUR, ou LA PIE-GRIÈCHE.

IL y a deux espèces de ce singulier oiseau : celle de l'écorcheur proprement dit, et celle du petit écorcheur. Le premier, qu'on appelle aussi le *niné killer*, est connu dans le nord de l'Angleterre, sous le nom de pie-grièche. Il est à peu près de la taille de la grive, a le bec fort et noir, de près d'un pouce de long et crochu à son extrémité. Cette conformation, jointe à ses appétits carnivores, le faisait classer parmi les oiseaux de proie. Cependant la délicatesse de ses cuisses, la formation de ses doigts, semble en faire la ligne intermédiaire entre ces derniers et ceux qui ne subsistent que de grains et d'insectes. La tête, le dos et le croupion sont cendrés : mais le ventre est blanc. Des lignes sombres et croisées nuancent la poitrine et le dessous de la gorge ; les ailerons sont blancs.

Les habitudes de cet oiseau sont en parfaite harmonie avec sa conformation : il vit aussi bien de chair que d'insectes, ce qui le rend en quelque sorte d'une double nature. Son nom de *niné killer* (1), provient de ce conte populaire, qu'il prend ordinairement les petits oiseaux au nombre de neuf, les empale avant de

(1) Qui tue neuf.

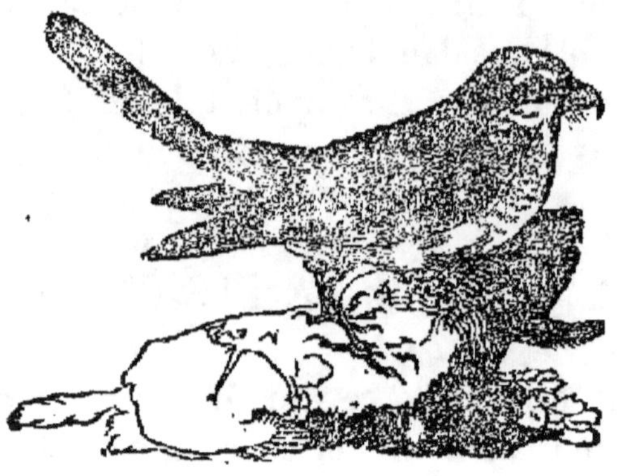

les mettre en pièces pour satisfaire sa faim. Sans nous arrêter à ce nombre exact de neuf, nous dirons qu'il est assez hardi et assez courageux pour tuer des oiseaux plus grands que lui; il suspend sa proie à un pieu comme le boucher étend la bête au croc, pour la dépecer avec plus de facilité.

Le nid de la femelle, ordinairement construit sur des arbrisseaux épineux ou sur des arbres nains, est formé à l'intérieur de mousse blanche, entremêlée de gazon, et à l'extérieur, parfaitement garni de laine. La femelle pond cinq ou six œufs. Il est à remarquer qu'au lieu de chasser leurs jeunes, comme les autres oiseaux de proie, et les abandonner à eux-mêmes, ils en prennent le plus grand soin, les conservent près d'eux, même quand ils sont déjà adultes ; ils vivent en famille jusqu'au retour de la saison de l'amour. Ils se séparent alors, et vont chacun établir leur petit ménage particulier.

Le petit écorcheur, qu'on appelle aussi *flusher*, est de la taille de l'alouette, et a la tête large. Le dos et la couverture des ailes sont d'une couleur sombre ; la gorge et la poitrine blanches, avec des points roux ; la tête et le croupion cendrés.

Le nid de cet oiseau est formé de gazon. La femelle pond six œufs, presque tous bleus, à l'exception de l'extrémité, qui est cerclée de points bruns ou d'un roux sombre.

LE HIBOU.

On connaît près de cinq spèces de hiboux ; mais nous ne parlerons ici que de trois espèces : du grand duc, de l'effraie, et de la chouette. On a dit avec raison que le hibou est au faucon ce qu'est la mouche au papillon, puisque, à proprement parler, le hibou ne chasse que de nuit, tandis que le faucon ne poursuit jamais sa proie que de jour. La tête du hibou est ronde, assez semblable à celle du chat, avec lequel le hibou a d'ailleurs une grande affinité, dans la guerre destructive qu'il fait aux rats. Les yeux du hibou sont aussi formés comme ceux du chat, et plus propres à voir dans les ténèbres qu'en plein jour. Durant l'hiver, le hibou se retire dans le tronc des vieux arbres, ou dans les tours en ruines. Il dort pendant les rigueurs de la saison. Dans quelque pays, on a la simplicité de regarder le hibou comme un oiseau de mauvais augure : cependant les Athéniens l'honoraient autrefois, et en faisaient l'oiseau favori de Minerve.

Le grand duc, quoique rare en Angleterre, est originaire d'une grande partie de l'Europe, de l'Asie et de l'Amérique. Il se tient dans les rochers les plus inaccessibles, et les places les plus désertes. Il égale pour la

taille quelques aigles. Il a la vue plus forte qu'aucun autre
de son espèce, et chante quelquefois le jour. Il est très–at-
taché à ses jeunes : quand on les lui enlève, il les pourvoit assidûment de pâture, ce qu'il exécute avec une
telle sagacité, une telle discrétion, qu'il est presque
impossible de le prendre sur le fait.

On distingue aisément le duc à sa grosse figure, à
son énorme tête, aux larges et profondes cavernes de
ses oreilles, aux deux aigrettes qui surmontent sa tête,
à son bec court, noir et crochu, à ses grands yeux fixes
et transparents, à sa face entourée de poils ou plutôt
de petites plumes blanches, à ses ongles noirs, très-
forts et très-crochus, à son cou très-court, à son plumage d'un roux brun, tacheté de noir et de jaune sur
le dos, et de jaune sous le ventre, marqué de taches
noires, et traversé de quelques bandes brunes, mêlées
confusément ; à ses pieds couverts d'un duvet épais et
de plumes roussâtres jusqu'aux ongles ; enfin à son cri
effrayant.

on connaît vingt espèces de cet oiseau des ténèbres, que l'on appelle aussi le hibou corné, eu égard aux longues plumes qui entourent les cavernes des oreilles, et qui ont quelque ressemblance avec des cornes.

La chouette blanche ou l'EFFRAIE est commune en Angleterre, où elle se tient dans les églises, les vieilles masures, et les maisons inhabitées. Le singulier cri quelle pousse en volant, qui réveille le monde, et que l'on ne saurait entendre sans effroi, est la source de son nom. Sa vue est très-mauvaise le jour; aussi ne commence-t-elle ses exercices et ses ravages qu'avec le crépuscule. S'il lui arrive de se montrer de jour, tous les petits oiseaux s'attachent à sa poursuite. Le plumage de cette espèce a beaucoup d'élégance : tout le dessus du corps est d'un léger jaune, tandis que les parties inférieures sont absolument blanches. Les yeux sont entourés d'un cercle de petites plumes blanches; les jambes sont couvertes de plumes jusqu'aux ongles des pieds. Le sens de l'ouïe est dans l'effraie d'une grande subtilité.

Du temps de Genghis-Kan, les Tartares, Mogols et Kalmouks, avaient cet oiseau en grande vénération; voici ce qu'ils racontent à ce sujet. Un hibou de cette espèce vint se placer sur un buisson, sous lequel leur prince s'était réfugié après une défaite. L'ennemi victorieux passe outre sans s'arrêter, et sans faire de recherches, ne s'imaginant pas qu'un oiseau dût se percher au-dessus de la retraite d'un homme.

La CHOUETTE, également commune en Angleterre, n'a pas plus d'un pied de longueur. La poitrine est d'un cendré pâle, nuancé de raies longitudinales brunes; la tête, les ailes et le dos sont marqués de noir, autour des yeux il y a un cercle cendré, nuancé de brun. C'est un véritable oiseau de proie, qui commet souvent de grands ravages dans les colombiers. Il se tient dans des ruines ou dans le tronc des arbres. Quand il s'agit de défendre ses jeunes, il attaque courageusement l'homme. Les souris sont sa nourriture favorite ; il les dépouille avec autant de dextérité qu'un cuisinier pourrait le faire d'un lapin.

DEUXIÈME ORDRE.

PASSEREAUX.

CET ordre renferme tous les oiseaux qui ne sont ni nageurs, ni échassiers, ni grimpeurs, ni gallinacés, ni oiseaux de proie, c'est-à-dire qu'il contient tous ceux qui manquent des caractères qui distinguent les autres cinq ordres. Ce qui le constitue lui-même se trouve ainsi purement négatif ; cependant quoiqu'on ne puisse pas réunir sous des caractères communs toutes les espèces qui s'y rattachent, elles sont néanmoins naturellement rapprochées par l'ensemble de leur organisation, et portent avec elles certains traits qui permettent de former un ordre homogène des différentes familles distinguées entre elles par des nuances assez tranchées. Les passereaux n'ont ni la violence des oiseaux de proie, ni le régime déterminé des gallinacés ou des oiseaux aquatiques. Les insectes, les fruits, les grains, fournissent à leur nourriture ; les grains d'autant plus exclusivement que le bec est plus gros ; les insectes, que le bec est plus grêle ; ceux qui l'ont robuste poursuivent même les petits oiseaux. Ils ont quatre doigts, trois en avant, un en arrière, quelquefois tous les quatre sont en avant. La longueur proportionnelle de leurs ailes et l'étendue de leur vol sont variables comme leur genre de vie.

LE CHARDONNERET.

CET oiseau est trop bien connu pour qu'il soit néces-
saire d'en donner la description. Qui n'a pas admiré la
mélodie de son chant, la beauté de son plumage, et
la douceur de son naturel. Il se familiarise bientôt avec
sa captivité, et reçoit avec une rare docilité les leçons de
son maître. On a remarqué qu'il trouvait un singulier
plaisir à voir réfléchir son image dans un miroir. La
femelle fait son nid sur des arbres fruitiers; elle pond
cinq œufs blancs avec des taches de brun rougeâtre. Le
nid est fait avec beaucoup de soin; le dehors est re-
vêtu de mousse et d'autre matériaux; l'intérieur est
garni de laine et de plumes.

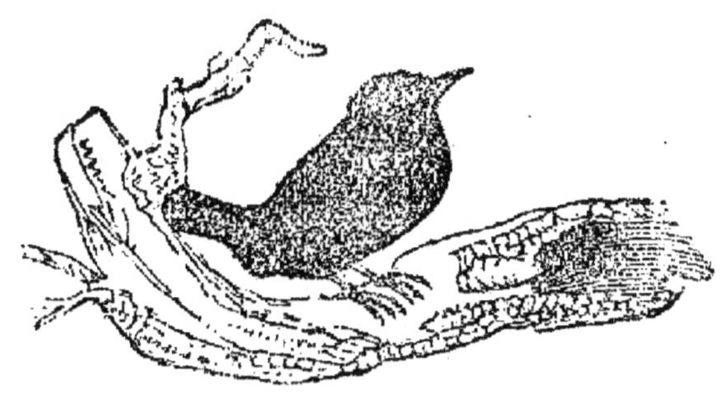

LE TROGLODYTE. (1)

Ce petit musicien appartient à plusieurs parties de l'Europe. Il pèse à peine le quart d'une once; il n'a pas quatre pouces de longueur depuis le bec jusqu'à l'extrémité de la queue: d'un si faible corps sort une voix forte et sonore. La chute de la neige n'interrompt pas ses concerts. La captivité n'ôte rien à la grâce et à l'étendue de sa voix. On l'entend au loin, vers le soir, mais non pas bien avant dans la nuit. Il se tient ordinairement dans le voisinage des métairies. La femelle pond de dix à dix-huit œufs, très-petits, blancs et tachetés de points rouges.

Le troglodyte fait son nid d'une manière toute particulière: il ne commence pas comme les autres oiseaux, à s'occuper du fond; il construit d'abord la toiture, puis fait successivement les autres parties; l'extérieur est composé de mousse, et l'intérieur est proprement garni de plumes.

(1) On le nomme improprement le *roitelet.*

LE ROITELET.

Le roitelet est le plus petit de nos oiseaux; son plumage est de la plus grande beauté; son cri aigu et perçant ressemble en quelque sorte à celui de la sauterelle.

Ces oiseaux ont beaucoup d'activité et d'agilité : ils sont presque toujours en mouvement, voltigent sans cesse de branche en branche, grimpent sur les arbres, de tous côtés, furettent dans toutes les gerçures de l'écorce, quelquefois s'y tiennent suspendus les pieds en haut comme la mésange ; ils se nourrissent d'insectes, de petits vers et de différentes petites graines. La femelle pond entre dix à dix-huit œufs qui ne sont guère plus gros qu'un pois : son nid de feuillage est posé sur les branches de sapin ; le souffle du vent le balance de tous côtés.

Le roitelet se distingue d'abord par sa belle couronne aurore, bordée de noir de chaque côté ; une raie blanche passe au-dessus des yeux, entre les bordures noires de la couronne, et un autre trait noir sur lequel est posé l'œil ; le dessus du corps, compris les petites couvertures des ailes, est d'un jaune olivâtre ; tout le dessous du bec, depuis la base, est d'un roux clair, tirant à l'olivâtre sur les flancs ; les pennes des ailes brunes, sont bordées extérieurement de jaune olivâtre ; les couvertures moyennes et les grandes les plus voisines du corps, sont pareillement brunes, bordées de jaune olivâtre, et terminées de blanc sale, d'où résultent deux taches de cette dernière couleur sur chaque aile ; les pennes de la queue, d'un gris brun sont bordées d'olivâtre ; l'iris est couleur de noisette, et les pieds sont jaunâtres. La femelle a la couronne d'un jaune pâle, et toutes les couleurs du plumage plus faibles que le mâle. Cette distinction se fait remarquer dans la plupart des oiseaux.

Dans les pays les plus septentrionaux de l'Europe, il y a une variété de cet oiseau dont le chant a presque toute la douceur de celui du rossignol.

LE ROUGE-GORGE.

Il y a des oiseaux dont le chant nous cause plus ou moins d'admiration ; mais on aime le rouge-gorge. Sa douce confiance dans l'homme, sa constance, son attachement, font presque oublier qu'il est un des chanteurs les plus aimables de nos bois : dans l'amitié qu'on lui accorde, on songe moins à ses talens qu'à ses aimables qualités.

Buffon, qui peint tout ce qu'il décrit, parle ainsi des mœurs de cet oiseau pendant l'hiver. « Dans cette rude saison, dit-il, on le voit s'approcher des habitations, et
» chercher les expositions les plus chaudes ; s'il en est
» quelqu'un qui soit resté au bois, il y devient com-
» pagnon du bûcheron, il s'approche pour se chauffer
» à son feu, il béquète dans son pain, et voltige toute
» la journée autour de lui, en faisant entendre son
» petit cri ; mais lorsque le froid augmente, et qu'une
» neige épaisse couvre 'a terre, il vient jusque dans
» nos maisons, frapper du bec aux vitres comme pour
» demander un asile qu'on lui accorde volontiers, et
» qu'il paye par la plus aimable familiarité, venant
» ramasser les miettes de la table, paraissant re-

» connaître et affectionner les personnes de la maison ,
» en prenant un ramage moins éclatant , mais aussi
» plus délicat que celui du printemps , et qu'il soutient
» pendant tous les frimats , comme pour saluer chaque
» jour la bienfaisance de ses hôtes et la douceur de sa
» retraite. »

Le rouge-gorge a le bec mince et délicat, les yeux grands , expressifs, le regard doux ; la tête et le dessus du corps sont d'un brun nuancé d'olive verdâtre ; le cou et la poitrine sont d'un roux orangé ; le corps est blanchâtre ; les cuisses et les pieds sont d'un noir foncé. Il a près de six pouces de long, depuis le bec jusqu'à l'extrémité de la queue.

Cet oiseau, dans nos climats, occupe le premier rang par la douceur de son chant ; les notes des autres oiseaux sont, il est vrai, plus sonores et les inflexions plus variées ; mais la voix du rouge-gorge est douce, tendre, bien soutenue ; et ce qui doit lui donner à nos yeux le plus grand prix, c'est que nous en jouissons pendant la plus grande partie de l'hiver

Au printemps, le rouge-gorge se tient dans les bois, les jardins, et niche dans les buissons les plus épais et les plus à l'ombre, à peu d'élévation de la terre. Nous avons déjà parlé de sa vie d'hiver ; nous ajouterons que parfois il rôde autour des serres où la chaleur artificielle combat les rigueurs de la saison, et où il trouve ordinairement en abondance de petits insectes, attirés comme lui par l'appât de la chaleur.

La femelle pond cinq à sept œufs d'un brun épais mélangé de lignes rouges. Il se nourrit principalement de vers et d'insectes

L'ALOUETTE.

L'ALOUETTE, la cujelier et la farlouse se distinguent de tous les autres oiseaux par la longueur de leur ongle postérieur, qui est presque droit, par leurs narines arrondies, à demi recouvertes, et par leur langue cartilagineuse et fendue à la pointe.

Le chant de ces oiseaux est plus sonore que celui d'aucun autre ; mais pour bien en jouir, il faut l'entendre dans son état naturel ; d'ailleurs, il est peu d'oiseaux qui conservent dans les fers toute la pureté de leur voix ; il faut, à ces aimables chantres de la nature, l'ombrage des bois, la verdure des prés, les rayons dorés du jour, la liberté de voltiger de branche en branche, de s'élever, de redescendre dans l'air, et surtout le dialogue avec leur jeune famille. Alors leur chant brille de tout son éclat : il nous entraîne, nous élève aux méditations les plus pures, les plus sublimes ; il fait souvent couler de nos yeux les douces larmes du sentiment. Quoi de plus intéressant que de voir l'a-

louette se livrer à ses modulations en s'élevant dans les plaines de l'air ; sa voix suit la progression de son vol ; elle monte et baisse en même temps. A la vue de son nid , où se concentrent toutes ses affections , de ce nid la source de sa joie et de tous ses concerts harmonieux , sa note descend par degrés et finit par se perdre insensiblement.

Le chant de l'alouette commence dès le printemps et se prolonge pendant tout l'été ; elle salue exactement le jour à son réveil et à son couchant. Elle s'élève à une telle hauteur, que sa voix nous enchante souvent sans que notre vue puisse la découvrir. Elle appartient au petit nombre d'oiseaux qui peuvent soutenir leur chant en volant. Elle ne chante pas à terre ; elle ne se perche jamais sur les arbres.

La femelle place son nid entre deux mottes de terre , et prend les plus grands soins pour le soustraire à la vue d'étrangers. Elle pond quatre ou cinq œufs d'une teinte sombre. Quand sa petite famille est bien venue, elle les emmène, vole à leur tête, dirige leurs mou-

vemens, et les surveille avec la plus douce vigilance.
Au reste cet instinct qui porte cet oiseau à élever et à
soigner une couvée, se déclare quelquefois de très-
bonne heure, même avant le temps d'être mère.

L'alouette s'apprivoise facilement : elle devient
bientôt assez familière pour venir manger sur la table.
et se poser sur la main.

L'alouette PIPI est la plus petite de l'espèce ; le dessus
du corps est d'un brun verdâtre varié ; le dessous est
d'un blanc jaunâtre, moucheté irrégulièrement sur le
ventre et sur le cou. C'est un oiseau très-sauvage : il
niche dans des places solitaires. Le cri de cet oiseau
ressemble en quelque sorte à celui de la sauterelle, ce
qui, en Angleterre, lui a fait donner le nom d'alouette
sauterelle.

LE BOUVREUIL.

CET oiseau fort commun est d'une forme très-jolie :
il a près de six pouces depuis le bec jusqu'à l'extrémité
de la queue. Le bec est noir, robuste et crochu ;
fléchi vers le bout, creux en dedans, la mandibule
supérieure plus longue que l'inférieure, entière ou
crénelée sur chaque bord ; vers le milieu, les narines
sont rondes, petites et ouvertes, cachées sous de petites
plumes, dirigées en avant ; la langue est épaisse,
charnue en dessous, obtuse et entière à l'extrémité ; la
tête et le cou, en proportion du corps, sont plus
grands que dans le commun des petits oiseaux.

Le bouvreuil fait son nid dans les buissons, où la
femelle pond quatre ou cinq œufs bleuâtres, mouchetés
de brun et de rouge. Ce nid, de la construction la
plus simple. ressemble tellement au feuillage qui le

couronne, qu'il est difficile de le discerner. Pendant
l'été il se tient dans les bois et les expositions les plus
solitaires ; mais en hiver, il s'approche des jardins et
des vergers : il fait souvent de grands dégâts aux
bourgeons des arbres ; il est probable cependant qu'il
n'attaque les bourgeons que pour découvrir les insectes
qui s'y retirent.

Le mâle n'est pas plus grand que la femelle ; mais il
a un plus beau plumage. Dans son état naturel, le
bouvreuil n'a que trois cris, peu agréables ; mais,
attentif et docile, tout en conservant sa rudesse naturelle, il apprend bientôt des sons plus doux, plus mélo-
dieux, et parvient non-seulement à imiter exactement
son maître, mais souvent même à le surpasser. On peut
aussi lui apprendre à articuler des mots et de courtes
phrases.

Il ne faut pas prendre ces oiseaux trop jeunes : il faut
au moins qu'ils aient douze jours. Leur première édu-

ration exige des soins très-pénibles et très-assidus ; leur attention s'accroît avec l'âge. Au bout de trois mois, ils commencent à répéter d'eux-mêmes ce qu'on leur apprend ; et depuis lors il suffit de quelques leçons pour les rendre parfaits.

Le cardinal, le grenadier, le gros bec d'Abyssinie. des Philippines, du Bengale, et le gros bec social, ne forment tous qu'une même espèce. Le premier fait en été des provisions d'hiver ; le second se distingue par son plumage du plus bel écarlate : les deux suivans rendent leurs nids inaccessibles aux guenons, et impénétrables à la pluie. Le gros bec du Bengale se distingue par son courage et sa vigueur. Enfin le gros bec social doit son nom à sa vie sociale. Ces oiseaux habitent souvent ensemble le même arbre, au nombre de huit cents et même de mille.

LE ROSSIGNOL.

Ce n'est pas à la beauté de son plumage que le rossignol doit la faveur distinguée dont il a joui dans tous les temps près des amateurs de la belle nature. Cet oiseau, qui a fourni tant de richesses à l'imagination des poëtes a peut-être la parure la plus modeste de tous les habitans ailés des bois.

Il a près de six pouces de long ; le dessus de son corps est d'un brun foncé, avec une légère teinte olive ; le dessous est d'un cendré pâle ; la gorge et le ventre sont blanchâtres.

La variété, la douceur, l'harmonie de son chant, le placent au premier rang parmi nos oiseaux chanteurs. Dans le silence de la nuit, quand tous les autres oi-

reaux ont suspendu leurs concerts, le rossignol seul fait
entendre sa voix mélodieuse : il remplit alors le cœur
des émotions les plus douces, élève et transporte
l'imagination aux pieds de cette puissance créatrice,
si grande, si généreuse dans toutes ses œuvres, si ingé-
nieuse à embellir le séjour passager de l'homme.

Le rossignol est un oiseau solitaire ; il ne vit jamais
par troupes. La femelle construit son nid de feuillage,
de paille et de mousse ; elle pond ordinairement quatre
ou cinq œufs ; elle fait deux et quelquefois trois pontes
par an. Tandis qu'elle s'acquitte des devoirs de l'incubation, le mâle, perché sur une branche voisine,
cherche à charmer ses ennuis, par l'harmonie de son
chant : si quelque ennemi s'approche, si quelque
danger menace, il chante encore, et ses accens
entrecoupés disent à sa compagne tout ce qu'elle a à
craindre.

Les rossignols s'approprient facilement le chant des
autres oiseaux. On peut leur apprendre une partie
séparée dans un chœur ; ils la répéteront exactement à
leur tour.

On dit qu'on est souvent parvenu à leur faire articuler des mots , et l'on vante les progrés étonnants qu'ils
ont faits dans cette étude.

L'HIRONDELLE.

On reconnaît l'hirondelle à son bec petit, à base dé-
primée, comprimé et étroit vers la pointe ; à ses narines
closes en arrière par une membrane, à ouverture entié-
rement arrondie ; à sa langue courte, large, bifide à la
pointe ; à ses tarses courts , et à ses quatre doigts , dont
trois sont placés en avant et un en arrière ; il y a cependant quelques espéces dans lesquelles les doigts
sont tous placés en avant.

Elle a un ramage particulier , vole avec une rapidité
étonnante ; elle mange , boit, se baigne, et quelquefois
donne à manger à ses petits en volant.

La gravure représente une hirondelle de cheminée.

L'hirondelle annonce aux martinets et aux autres
petits oiseaux, l'approche d'un oiseau de proie. A la
vue d'une chouette ou d'un épervier, elle pousse un
cri perçant ; aussitôt tous les oiseaux de son espèce et
les martinets s'attroupent autour d'elle, et sous son
commandement, marchent en ligne contre l'ennemi,
qu'ils forcent enfin à battre en retraite.

Dès le retour du printemps, quand les rayons du
soleil raniment la nature et réveillent l'insecte de sa
longue léthargie d'hiver, on voit revenir l'hirondelle
de ses émigrations lointaines ; à mesure que les chaleurs
augmentent et favorisent la multiplication des insectes
elle redouble de force et d'activité. Cet oiseau rend des

services infinis à l'homme, en détruisant par milliers ces essaims nombreux d'insectes, qui finiraient par détruire toute l'espérance du laboureur.

La femelle construit son nid avec un art merveilleux, au haut des cheminées : elle fait quelquefois deux pontes par an.

La majeure partie de ces oiseaux nous quitte vers la fin de septembre. Quelques-uns, dit-on, se retirent dans des cavernes où ils passent l'hiver dans un état d'engourdissement ; on assure que dans cet état elles peuvent même exister sous l'eau.

LE MARTINET.

CET oiseau est plus petit que l'hirondelle, et sa queue est bien moins fourchue. Le plumage est le même : le dessus du corps, des ailes, de la queue, est noir, lustré de pourpre, et le dessous est blanc. Les martinets sont moins agiles que l'hirondelle, et se coulent, pour ainsi dire, paisiblement dans l'air.

Ils se tiennent quelquefois dans les rochers, près

des bords de la mer ; mais le plus souvent sous les toits
des maisons , sous les croisées, et sous les corniches.
Les matériaux de leurs nids consistent en terre , paille ,
gazon et plumes. Ces petits architectes ne s'occupent de
leur bâtisse que le matin , et laissent leurs travaux se
consolider pendant le reste du jour. Le même nid leur
sert souvent plusieurs années de suite.

On a beaucoup de peine à les élever en cage , ils ne
se nourrissent que d'insectes.

Il y a une variété de cet oiseau, connue sous le nom
d'hirondelle de rivage : elle fait son nid de gazon et de
plumes, sur le bord des rivières ou près des sablières.
Les trous qu'elle se creuse avec une grande prompti-
tude, vont en serpentant à une profondeur d'un pied
et demi. Les mouvemens de cet oiseau sont inégaux ;
en dirait un papillon.

Elle se montre dans nos pays en même temps que
l'hirondelle de cheminée. La femelle pond quatre à six
œufs blancs et mi-transparens.

LE MARTINET NOIR.

C'EST la plus grande des hirondelles que l'on
connaisse dans nos climats ; elle a quelquefois jusqu'à
dix-huit pouces d'envergure , et ne pèse cependant
guère au-delà d'une once. Tout le plumage est d'un
noir lustré , la gorge seule est blanche. Les pieds trop
petits pour lui permettre de marcher et pour s'élever de
terre, ont une forme particulière. Les doigts sont tous
dirigés en avant. Les martinets noirs se tiennent rarement à terre. Ils ont à leurs pieds un fort éperon , qui
les rend propres à se tenir sur les arbres. Ils se sou-
tiennent plus long-temps sur leurs ailes qu'aucune autre
hirondelle, et leur vol est plus rapide. Pendant l'été ,
ils se tiennent dans l'air près de la quatrième partie du
jour.

Ils nichent sous les toits , au haut des clochers et dans
d'autres emplacemens exposés à l'air. Leur nid se compose de gazon et de plumes. Ils n'ont qu'une ponte
pendant l'été, et n'élèvent jamais plus de deux jeunes.

La voix de ces martinets est rauque ; mais comme on
ne l'entend que dans les plus beaux jours d'été , elle
excite toujours des sensations agréables.

Les martinets noirs arrivent dans notre climat les
derniers de tous les oiseaux de passage, et sont les
premiers à nous quitter. Dès le commencement de
juillet on aperçoit parmi eux un grand mouvement qui
annonce le départ ; ils commencent leur émigration vers
la mi-août, et l'on n'en voit plus un seul en Angleterre à la fin du mois. Cette retraite prématurée, qui a
lieu dans la partie la plus belle de l'année, est difficile
à expliquer : elle ne peut provenir ni du défaut de
chaleur ni du défaut de nature.

LE GOBE-MOUCHE.

Cet oiseau n'a pas cinq pouces de long; le bec est noir, le front blanc, les yeux sont noisette ; le sommet de la tête, le dos et la queue sont noirs ; le croupion est tacheté d'une teinte cendrée ; les couvertures des ailes sont foncées, et les plus grandes couvertures sont bordées de blanc. Les côtés extérieurs des tuyaux secondaires sont blancs, de même que les plumes inférieures de la queue. Tout le dessous, depuis le bec jusqu'à la queue, est blanc ; les pieds sont noirs. La femelle est beaucoup plus petite, mais pourvue d'une plus longue queue que le mâle. Les parties noires du mâle sont brunes dans la femelle ; elle n'a pas comme lui le front marqué de blanc.

Ces oiseaux font leur nid dans le creux des arbres ; les parens portent incessamment à leurs jeunes de petites mouches, qu'ils sont très-haoiles à prendre.

LE GOBE MOUCHE TACHETÉ.

Il est plus petit que le précédent, et se nourrit comme lui, d'insectes qu'il prend en volant. Comme il aime beaucoup les cerises, on le nomme dans quelques provinces le piqueur de cerises. La femelle pond quatre ou cinq œufs ; le nid est fait sans art ; mais le père et la mère portent à leurs jeunes les soins les plus tendres et les plus soutenus.

LE CANARI.

Le canari, ou serin des Canaries, est originaire des îles dont il porte encore le nom. On présume qu'il ne fut introduit dans nos climats, que vers le milieu du quatorzième siècle. On le trouve aussi dans les bois de l'Italie et de la Grèce.

Il a près de cinq pouces de long ; le bec est couleur de chair ; le plumage en général est d'un jaune plus ou moins mêlé de gris ; dans quelques-uns il y a du brun à la partie supérieure. La queue est un peu fourchue ; les tarses sont couleur de chair. Dans son pays natal , il a le plumage d'un gris foncé. Le canari emprunte son chant du rossignol ou de la mésange ; il n'est pas né chanteur.

Il y a vingt-neuf variétés connues de cet oiseau , et l'on pourrait encore ajouter à ce nombre.

C'est un spectacle du plus touchant intérêt, que de voir ce charmant oiseau choisir sa compagne, la seconder dans la construction du nid, rassembler avec elle tous les matériaux nécessaires, pourvoir avec elle à la

subsistance de leur famille commune, et lui rendre ses
devoirs moins pénibles par la douce expression de son
chant amoureux.

Le canari s'apparie volontiers avec le chardonneret et
la linotte, et produit un oiseau de la plus grande
beauté, qu'on nomme le mulet ; il souffre aussi, mais
plus difficilement, le pinson et le moineau. La femelle
se prête mieux que le mâle à ces sortes d'infidélités.

Le canari est un oiseau sociable et familier ; il
s'attache à celui qui l'entretient ; il se vient percher sur
les épaules de sa maîtresse, et recevoir la becquée de sa
main, et même de sa bouche. On peut le dresser à
différens tours d'adresse surprenans.

En 1820, un Français montra à Londres, vingt-
quatre canaris, dont quelques-uns, à ce qu'il disait,
avaient dix-huit et vingt ans. Ils obéissaient, avec la
plus grande exactitude, au commandement de leur
maître, tournaient en cercle autour d'une corde qu'ils se
passaient de la tête entre les jambes ; ils se balançaient
en avant, en arrière, sur une sorte de balançoire,
faisaient l'exercice, chargeaient une petite arme à feu

et à un signal donné, se laissaient tomber comme morts, etc.

LA LINOTTE.

Ce joli oiseau, dont le doux ramage est généralement admiré, a près de cinq pouces de long depuis le bec jusqu'à l'extrémité de la queue. Le bec est d'un gris bleuâtre ; les yeux noisette ; le dessus de la tête, du cou et du dos, sont d'un brun roussâtre ; le dessous, d'un blanc roux ; la poitrine est plus foncée, et dans la belle saison, elle devient d'un beau rouge. La queue est brune, bordée de blanc, à l'exception des deux plumes centrales, qui ont des bordures roussâtres ; elle est un peu fourcuue ; les tarses sont bruns.

La femelle diffère du mâle en ce que les couleurs sont moins foncées, et que les plumes sur la gorge n'ont point de rouge.

La linotte occupe un rang distingué parmi nos meilleurs oiseaux chanteurs. C'est à tort qu'on lui apprend des airs étrangers : ses propres modulations si douces, si variées, devraient nous suffire. On parvient à lui faire prononcer des mots très-distinctement.

Ces oiseaux se tiennent communément dans les buissons, sur les haies, etc. Ils construisent un petit nid délicat : du jonc, du gazon desséché, de la paille, couvrent l'extérieur ; le fond est matelassé ; l'intérieur est soigneusement abrité contre le froid. La femelle pond quatre ou cinq œufs blancs, tachetés de roux. On peut enlever les jeunes de leur nid avant le dixième jour ; mais il faut avoir soin de les bien tenir au chaud et de leur donner la becquée de deux heures en deux heures.

Les linottes aiment beaucoup les graines de lin ; d'où leur vient probablement leur nom.

LE MOINEAU.

Le moineau est un de nos oiseaux les plus familiers : il vole constamment autour de nos habitations, et s'absente rarement de nos jardins et de nos vergers. D'une légéreté, d'une adresse admirable, il ne se laisse pas prendre aisément. Dans son état naturel, n'a pas de chant ; mais lorsqu'on le prend jeune, on peut lui apprendre quelques airs.

Le moineau a du courage ; il combat souvent contre des oiseaux dix fois plus grands que lui ; quelquefois il pénètre dans les colombiers.

Les fermiers se plaignent beaucoup du pillage de ces oiseaux ; cependant la guerre destructive qu'ils font constamment aux chenilles et aux insectes ailés, compense bien leurs déprédations passagères, et, tout bien considéré, on peut dire qu'ils font à l'économie rurale plus de bien que de mal.

Les moineaux nichent ordinairement sous le toit des maisons ou dans le creux des arbres : le nid est construit de foin et de paille, garni de plumes ; il est placé de manière à n'être endommagé ni par le soleil, ni par la pluie. La tendresse de la femelle pour ses petits ne peut qu'intéresser.

Le mâle se distingue de la femelle par une tache noire sous le bec.

LA SITTELLE ou LE CASSE-NOISETTE.

Cet oiseau a plusieurs rapports avec les pics. Il y a différentes espèces de sittelles: celle qu'on voit en Angleterre, a prés de six pouces de long. Le bec est droit, terminé en forme de coin ; la mandibule supérieure est blanche ; l'inférieure, noire ; la langue courte, cornée et bifide à sa pointe ; la gorge et les joues sont blanchâtres ; la poitrine et le ventre orangés ; les grandes couvertures supérieures et les pennes des ailes brunes, bordées d'un gris plus ou moins foncé, les pennes latérales de la queue noires, terminées de cendré; les pieds

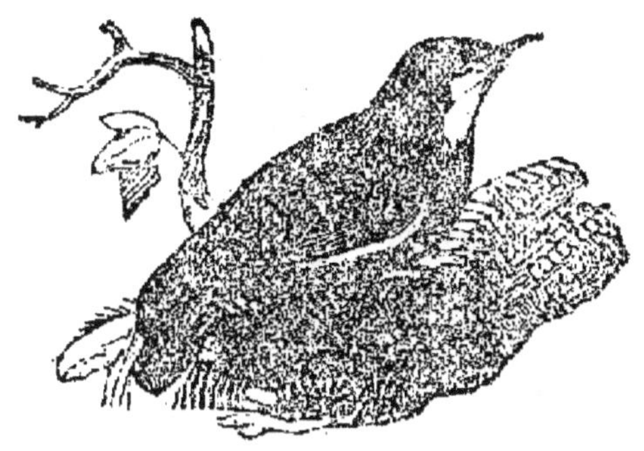

gris ; le fond des plumes est cendré et noirâtre ;
l'ongle postérieur très-crochu, est le plus robuste de
tous.

Ces oiseaux sont sauvages et solitaires ; ils ne se
tiennent que dans les bois, où ils grimpent sur les
arbres, et en redescendent avec la plus grande agilité.
Ils se nourrissent la plupart d'insectes. Ils sont d'une
dextérité admirable à casser la noix pour en retirer le
fruit ; ils l'enfoncent solidement dans quelque fente,
puis la percent à coups de bec : on l'entend travailler de
fort loin.

La femelle dépose ses œufs dans le creux d'un arbre ;
le plus souvent elle s'empare d'un nid de pics aban-
donné : si l'ouverture lui semble trop large, elle la ré-
trécit avec de la terre glaise.

Les sittelles ne font pas d'émigration ; pendant
l'hiver, elles se rapprochent des lieux habités ; on les
voit alors dans les jardins et les vergers. Elles dorment
la tête sous l'aile.

LE PINSON.

Le pinson a le bec bleuâtre, noir à la pointe pendant la belle saison, et couleur de corne dans la mauvaise ; les yeux noisette ; le front noir ; les côtés de la tête, la gorge et le devant du cou, rougeâtres ; le dessus de la tête d'un cendré bleuâtre ; le dos marron ; la poitrine et les autres parties inférieures, de couleur vineuse ; le croupion olivâtre ; une grande tache blanche sur les petites couvertures, et une bande transversale sur les grandes ; les pennes noires et bordées de jaune ; la queue, un peu fourchue, est noire ; une raie blanche s'étend sur le bord extérieur des pennes latérales ; les pieds sont bruns. La femelle n'a point de rouge sur la poitrine ; son plumage est en général moins vif ; mais c'est la seule distinction entre elle et le mâle.

Ce joli oiseau est connu dans toutes les parties du monde. Il commence son ramage avec le printemps : on l'entend jusqu'au cœur de l'été, après quoi il garde un long et morne silence. La femelle pond ordinairement cinq ou six œufs, d'un roux pâle, tachetés de points

sombres ; pendant l'incubation, le mâle tient bonne
compagnie à la mère, et ne s'éloigne du nid, que
pressé par la faim.

Les pinsons subsistent de toutes sortes de grains,
ainsi que de chenilles et d'insectes.

On les élève rarement en cage. Comme leur voi
manque de variété, et qu'ils n'ont point de grandes
dispositions pour apprendre le chant des autres oiseaux,
ils conservent leur indépendance.

Les mâles se livrent souvent de rudes assauts, et
combattent à outrance.

En Suède, ils font des émigrations partielles. Les
femelles se rassemblent par bandes nombreuses, et vont
se répandre dans les différentes parties de l'Europe ; les
mâles restent, et sont rejoints par leurs compagnes vers
le commencement d'avril.

LE MARTIN-PÊCHEUR.

Les anciens ont connu cet oiseau sous le nom
d'alcyon : ils supposaient que la mer n'était jamais
battue de tempêtes quand la femelle de cet oiseau
couvait ses œufs, et ils donnaient à ces jours calmes le
nom d'alcyoniens.

Malgré la disproportion de la tête et du bec avec le
reste du corps, cet oiseau est un des plus beaux que
l'on voit en Angleterre. Il a sept pouces de long et
onze de vol. Le bec seul a près de deux pouces de
longueur : il est noir ; la mandibule supérieure est
jaune à sa base ; la langue est charnue, courte, aplatie
et aiguë. Le sommet de la tête et les côtés du corps sont

d'un vert foncé, moucheté transversalement de points bleus ; la queue est d'un bleu foncé, et les autres parties du corps sont orangées, blanches et noires ; les tarses sont rouges. Les pieds sont bien organisés pour grimper : deux doigts se dirigent en avant et deux en arrière ; les ailes sont courtes, cependant son vol est très-rapide.

On trouve ces oiseaux dans toute l'Europe. Ils se nourrissent de petits poissons : ils se posent sur des branches qui s'avancent au-dessus de l'eau, y demeurent immobiles pendant des heures entières, et attendent avec une patience admirable que leur proie se montre ; aussitôt qu'ils aperçoivent un petit poisson, ils fondent à plomb dans l'eau, y restent très-peu de temps, et en sortent avec le poisson au bec, qu'ils portent ensuite sur la terre contre laquelle ils le battent pour le tuer avant de l'avaler.

Si cet oiseau ne peut trouver de branche où se poser, il se place sur une pierre voisine du rivage, ou même sur le gravier ; à la vue du poisson, il fait un saut en

avant, de douze à quinze pieds, et tombe à plomb sur
sa proie.

Quelquefois les martins pêcheurs s'arrêtent au milieu
de leur vol, demeurent stationnaires en l'air, s'y sou-
tiennent pendant plusieurs secondes en battant des ailes.
Ils agissent ordinairement ainsi en hiver, lorsque les
eaux troubles et les glaces épaisses les contraignent de
quitter les rivières, et les réduisent aux petits ruisseaux.
Ils font souvent de cette sorte plusieurs lieues.

Ils font leur nid dans des trous, près des rivières et
des ruisseaux. La femelle pond quelquefois plus de sept
œufs, plus gros que ceux du bruant, et d'un blanc
transparent.

Les Tartares et les Ostiacks donnent aux plumes de
cet oiseau plusieurs propriétés superstitieuses ; ils leur
attribuent de grandes vertus : on n'a qu'à les faire
toucher à une femme pour lui inspirer de l'amour ; elles
sont un préservatif certain contre toutes les chances de
la fortune. Dans quelques pays où déjà l'on se pique de
civilisation, on s'est imaginé, avec autant de vérité, que
leur chair n'était jamais attaquée de corruption ; et que
pour garantir les vêtemens, les meubles, on n'avait
qu'à les recouvrir de la peau desséchée d'un de ces
oiseaux.

LE MOTTEUX.

Cet oiseau ne pèse guère au-delà d'une once ; il a le
bec noir, mince et long d'un pouce, la langue échancrée
à son extrémité, les yeux couleur de noisette ; une
plaque noire prend de l'angle du bec, se porte sous
l'œil, s'étend au-delà de l'oreille ; une bandelette

blanche borde le front et passe sous les yeux ; la tête et
le dos sont d'un gris cendré, mêlé de roux. Le croupion
est blanc ; le corps est de la même couleur nuancé de
jaune et de roux ; les couleurs de la poitrine et de la
gorge sont plus foncées. Les couvertures sont noires,
bordées de blanc et de roux ; la queue a près de deux
pouces de long ; la moitié supérieure est noire, l'inférieure est blanche. La femelle n'a pas la plaque noire
sous les yeux ; ses couleurs sont, en général, moins
brillantes que le mâle.

Les motteux visitent l'Angleterre tous les ans vers la
mi-mars, et se retirent en septembre. Les femelles
arrivent les premières. Ils se trouvent dans quelques
parties du royaume en nombre immense. Ils sont d'une
timidité extrême ; et l'on profite de leur terreur pour
leur tendre des piéges assurés. Sur les dunes, dans le
comté de Sussex, on en prend un grand nombre dans
des lacets de crin. Dans un seul canton, on en prend
annuellement près de deux mille douzaines. Leur chair
est aussi estimée des Anglais que celle de l'ortolan des
peuples du continent. Quelques-uns de ces oiseaux

nichent dans de vieux terriers de lapin : le nid est
grand, composé de gazon, de quelques plumes et de
crins. La femelle pond six ou huit œufs faiblement
colorés.

L'ORTOLAN.

L'ORTOLAN est commun en France, en Italie, dans
quelques parties de l'Allemagne et dans la Suède. Cet
oiseau fait les délices des gastronomes du continent. Il
a les ailes noires, la tête verdâtre, et jaune vers la
mandibule inférieure. Les trois premières plumes de la
queue sont bordées de blanc, les deux latérales sont
noires à l'extérieur. On prend ces oiseaux par grand
nombre ; on les élève dans une chambre bien close ;
éclairée par une lampe constamment entretenue. On les
pourvoit en abondance d'avoine, de millet, etc.; de
cette manière, ils engraissent promptement et deviennent un mets exquis.

LE BEC CROISE.

CET oiseau a prés de sept pouces de long : il se distingue de tous les autres par la conformation particulière
de son bec ; les mandibules sont crochues et croisées en
deux à leur extrémité. Les couleurs de ces oiseaux ne
sont pas constantes ; elles varient suivant les saisons,
suivant l'âge. En général, la teinte du corps est verdâtre, tirant sur le rouge, dans les mâles ; et sur l'olivâtre, dans les femelles.

Ce bec difforme qui, au premier abord, semblerait
une méprise de la nature, est d'une grande utilité à
l'oiseau, pour se procurer sa pâture. Comme il ne se

nourrit que des graines renfermées dans les pommes
de pin, son bec crochu lui sert à extraire ces graines;
cette petite occupation absorbe tellement toute son
attention, qu'on le prend très facilement au lacet.

Le bec croisé, en cage, a toutes les manières du
perroquet. Son bec crochu lui sert pour grimper; il
monte tout autour de sa cage. Il est méchant: la des-
truction semble être un jeu divertissant pour lui.

Ces oiseaux habitent les climats froids; on les trouv
jusqu'au Groënland. Ils produisent en Russie, dans la
Suède, dans la Pologne, sur les montagnes de la
Suisse, sur les Pyrénées, d'où ils font des émigrations
immenses vers les autres contrées; ils sont rares en
Angleterre.

La femelle fait son nid sous les grosses branches de
pins, et l'y attache avec la résine de ces arbres; elle
enduit de cette même résine l'extérieur du nid, pour
le rendre impénétrable à l'humidité de la neige ou de
la pluie; ses œufs sont blancs, tachetés de roux vers
le gros bout.

LE ROSSIGNOL DE MURAILLE.

Cet oiseau n'a guère plus de cinq pouces de long. Un plastron noir lui couvre la gorge, le devant et les côtés du cou, et remonte jusque sous le bec ; ce même noir environne les yeux ; un bandeau blanc masque son front ; le haut, le derrière de la tête, le dessus du cou et le dos, sont d'un gris lustré, mais foncé ; les pennes de l'aile, cendrées et noirâtres, ont leurs barbes extérieures plus claires et frangées de blanchâtre ; au-dessous du plastron noir, un beau roux de fer garnit la poitrine au large, s'étend un peu sur les flancs, et reparaît dans toute sa vivacité sur tout le faisceau des plumes de la queue, excepté sur les deux du milieu qui sont brunes ; le ventre est blanc ; les pieds sont noirs ; la langue est fourchue au bout, comme celle du rossignol.

Cette description, empruntée de Buffon, a le double mérite de l'élégance et de la vérité.

Le rossignol est un oiseau de passage : il ne se montre dans nos pays que vers la première quinzaine d'avril, et repart vers la fin de septembre ou dans les

premiers jours d'octobre. On ne sait pas dans quel pays
il se retire. Il se tient ordinairement sur de vieux arbres
ou sur des bâtimens en ruine ; il y construit un nid de
mousse, garni de crin et de plumes.

Quoique sauvage et timide, on le trouve assez souvent
au milieu des villes, où il choisit presque toujours pour
sa résidence les expositions les plus inaccessibles et
souvent les plus dangereuses.

La femelle pond quatre ou cinq œufs, à peu près
comme ceux du moineau buissonnier, mais un peu plus
longs. Ces oiseaux se nourrissent de mouches, d'araignées, d'œufs de fourmis, et de toutes sortes de petites
graines.

On ne peut les apprivoiser qu'en les prenant fort
jeunes ; ils sont alors susceptibles d'éducation, et
récompensent les soins de leur maître, en les régalant
de leur chant, la nuit aussi bien que le jour.

LA FAUVETTE A TÊTE NOIR.

CET oiseau d'environ cinq pouces de long appartient
à l'espéce de la mésange. La mandibule supérieure est
couleur de corne, l'inférieure est bleuâtre : elles sont
toutes deux bordées de blanc ; le sommet de la tête est
noir, d'où l'oiseau a pris son nom ; les côtés de la tête
et le derrière du cou sont cendrées, le dos et les ailes
d'un gros olive. la gorge et la proitrine sont d'un gris
argenté ; le ventre est blanc ; les pieds sont d'un bleu
tirant sur le brun, et les ongles noirs. La tête de la femelle est d'une couleur foncée.

Cette fauvette nous fait sa visite dès le mois d'avril,
et nous quitte en septembre. Elle est commune en Ita-

lie ; en Angleterre, on la voit rarement. Elle fréquente
les jardins, et fait son nid à peu d'élévation de terre :
elle le compose d'herbes sèches, de mousse, de laine,
et le garnit de crins et de plumes. La femelle pond
cinq œufs d'un roux brunâtre, tachetés de points plus
foncés. Pendant l'incubation, le mâle assiste la femelle
et couve à son tour ; il la pourvoit aussi de vers, de
mouches, d'insectes. Son chant a beaucoup de douceur, et s'approche tellement de celui du rossignol,
qu'on l'appelle quelquefois le faux rossignol.

LE HOCHE-QUEUE.

Cet oiseau élégant est, après le rouge-gorge et le
moineau, celui qui s'approche le plus volontiers de
l'homme et de ses habitations ; il a près de sept pouces
de long et onze d'envergure. Il a le bec fin, aigu, d'une
couleur noire ou brun foncé ; l'iris, noisette ; un bandeau blanc enveloppe les yeux et redescend jusqu'au
cou ; un large plastron de la même couleur s'arrondit
sur la poitrine ; le sommet de la tête, la gorge et le

dessus du dos sont noirs : le dessous de la poitrine et
du ventre est blanc ; les plus grandes couvertures et
les pennes secondaires sont d'un gris noirâtre, bordé
d'une teinte claire, et les primaires noires ; les quatre
pennes les plus extérieures de la queue sont blanches,
les autres bordées de gris sur un fond noir. La queue,
longue de près de trois pouces et demi, est dans une
agitation continuelle ; l'oiseau la balance sans cesse
de bas en haut. On suppose que ce mouvement lui sert
à tenir le corps en équilibre.

On voit fréquemment ces oiseaux au bord des rivières, des étangs, des écluses. Au moment de la rosée,
ils rasent l'herbe, à la recherche des moucherons, des
vers et d'autres petits insectes. Quand ils voient des
femmes occupées à battre la lessive au bord de l'eau,
ils s'approchent aussitôt, et semblent vouloir les imiter par le battement de leur queue. C'est de cette habitude qu'ils tirent leur nom français de lavandière.

Ils nichent sous les toits, et dans les creux des
vieux arbres. Ils pondent quatre ou cinq œufs.

Il y a une autre espèce qu'on nomme le HOCHE-QUEUE
JAUNE, d'après la couleur de la tête, du cou et du dos :

Il est un peu plus grand que le hoche-queue ordinaire, eu égard à la longueur de sa queue. Il a le bec brun, la gorge et le devant du cou noirs, la poitrine et tout le dessous du corps d'un jaune éclatant ; les couvertures et les pennes des ailes noirâtres, les secondaires bordées d'un jaune pâle, et blanches à la base, les pennes intermédiaires de la queue noires, les extérieures blanches, et les pieds d'un brun jaunâtre.

La femelle fait son nid à terre, quelquefois au bord des ruisseaux ; elle pond six à huit œufs d'un blanc sale, couvert de taches jaunes.

On prétend qu'en automne, le hoche-queue quitte le nord de l'Angleterre pour se retirer au sud ; mais plusieurs faits contredisent cette assertion. Le soleil n'a qu'à se montrer un instant sur l'horizon, au cœur même de l'hiver, aussitôt l'on voit paraître des essaims de ces oiseaux ; et la vivacité, la légèreté de leurs mouvements, ne permettent pas de supposer qu'ils viennent de bien loin.

LA MÉSANGE.

La mésange a plus de quatre pouces de long ; son bec robuste et pointu a près d'un demi-pouce de longueur. La couronne est bleue ; du bec aux yeux elle a une bande noire ; le front est masqué de blanc ; cette couleur s'étend jusqu'au milieu du dos. Le croupion est d'un bleu délicat ; les pennes sont bordées de blanc, de bleu et de vert ; la poitrine et le ventre sont jaunes ; une large bande noire passe depuis la gorge jusqu'au milieu de la poitrine. La queue longue de deux pouces et demi est noire, à l'exception de quelques plumes dont les bords extérieurs sont bleus. Les pieds sont d'une sorte de couleur de plomb.

Les mésanges se nourrissent d'insectes, de graines et de fruits ; elles répandent souvent l'alarme parmi les jardiniers, qui s'imaginent qu'elles viennent attaquer les bourgeons, tandis qu'elles ne s'occupent qu'à la recherche des chenilles qui finiraient par détruire l'arbre.

Elles sont très-prolifiques : une seule ponte est quelquefois de quatorze à vingt œufs. Pour peu que l'on ait touché aux œufs, la femelle abandonne le nid et va nicher ailleurs.

Les mésanges ne craignent pas de combattre des oiseaux qui ont deux et trois fois plus de volume qu'elles · elles attaquent alors leurs adversaires par les yeux. Quand elles saisissent des oiseaux plus faibles, elles les tuent ; leur ouvrent le crâne à coups de bec et mangent la cervelle. Elles sont en guerre ouverte avec les chouettes.

Il y a plusieurs variétés de cet oiseau : la grande mésange a près de cinq pouces de long.

Le nid de toute cette espèce est construit avec beaucoup d'art ; il est fait de mousse, de crins fortement entrelacés avec des toiles d'araignées.

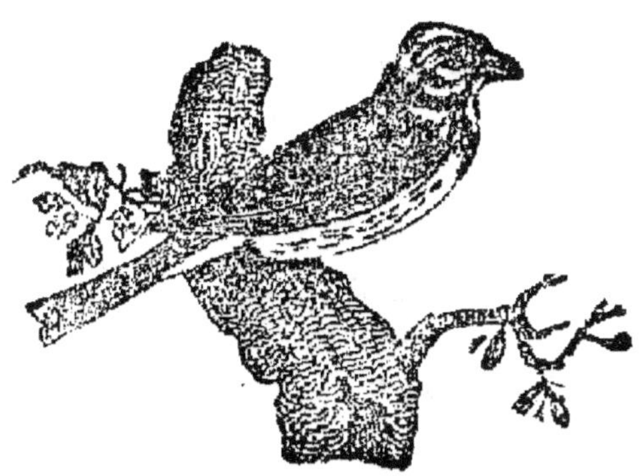

LE BRUANT.

Le bruant est un peu plus grand que le moineau : la tête est d'un jaune verdâtre, tacheté de brun ; la gorge et le ventre sont jaunes ; la poitrine et les flancs sous les ailes, sont nuancés de rouge ; la queue est couleur de chair.

Ils nichent à terre ; la femelle pond cinq à six œufs ; ils se nourrissent d'insectes et de toutes sortes de graines.

Leur chant a de la douceur, et approche de celui de la linotte.

Ils sont fort communs en Angleterre. En Italie, on les élève pour le luxe de la table.

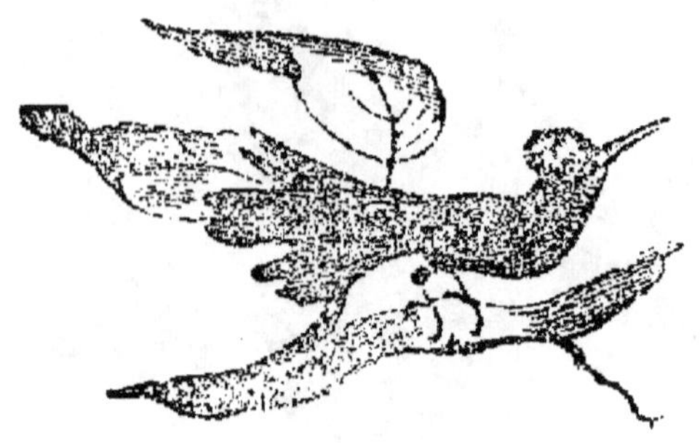

L'OISEAU-MOUCHE, ou L'ORVERT.

De tous les êtres animés, voici le plus élégant pour la forme et le plus brillant pour les couleurs. Les pierre et les métaux polis par notre art, ne sont pas comparables à ce bijou de la Nature, dont le chef-d'œuvre est le petit Oiseau-Mouche ; elle l'a comblé de tous les dons qu'elle n'a fait que partager aux autres oiseaux: légèreté, rapidité, grâce et riche parure, tout appartient à ce petit favori ; l'émeraude, le rubis, la topa ; brillent sur ses plumes ; il ne les souille jamais de la poussière de la terre, et dans sa vie toute aérienne, on le voit à peine toucher le gazon par instans ; il est toujours en l'air, volant de fleurs en fleurs; il vit de leur nectar, et n'habite que les climats où sans cesse elles se renouvellent. C'est dans les contrées les plus chaudes du Nouveau-Monde que se trouvent toutes les espèces d'oiseaux-mouche; il pare aussi les contrées de l'Inde.

La colère du Lion est redoutable, terrible, mais presque toujours juste ; celle de l'Oiseau-Mouche est aussi plaisante à voir qu'elle est déraisonnable. Lorsqu'il ne trouve pas dans la fleur qu'il suce, le miel

qu'il y cherchait, il devint furieux; ses plumes se
hérissent, il se venge sur la fleur et la met en pièces à
coups de bec. Rien n'égale en effet sa vivacité, son courage, son audace; on le voit poursuivre avec furie des
oiseaux vingt fois plus gros que lui; s'attacher à leurs
corps, se laisser emporter par leur vol, les accabler de
coups de bec, jusqu'à ce qu'il ait assouvi sa petite
colère. Son vol rapide et bourdonnant fait entendre
un bruit semblable à celui d'un rouet, il n'a d'autre
voix qu'un petit cri fréquent et répété. C'est la femelle
qui seule construit son nid, de la grosseur et de la
forme d'une moitié d'abricot; elle l'attache à deux
feuilles, ou à un seul brin d'oranger ou de citronnier.
Elle y dépose deux œufs tout blancs, comme des petits
pois, que le mâle et la femelle couvent pendant douze
jours ; les petits, éclos le treizième, sont nourris par
leur mère, qui leur donne à sucer sa langue toute em-
miellée du suc des fleurs. Ces oiseaux se laissent approcher jusqu'à cinq ou six pas. On les tire avec du
bie au lieu de plomb; on les prend aussi avec une
verge enduite d'une gomme gluante ; il suffit de les
toucher, lorsqu'ils bourdonnent autour d'une fleur;
ils meurent aussitôt qu'ils sont pris.

LE COLIBRI.

LA nature, en prodiguant tant de beautés à l'oiseau
mouche, n'a pas oublié le Colibri, son voisin, elle l'a
produit dans le même climat, et formé sur le même
modèle. Aussi brillant, aussi léger que l'oiseau-
mouche, et vivant comme lui sur les fleurs, le colibri

est paré de même de tout ce que les plus riches couleurs ont d'éclatant et d'enchanteur.

Ce que nous avons dit de la beauté de l'oiseau-mouche, de sa vivacité, de son vol bourdonnant et rapide, de sa constance à visiter les fleurs, de sa manière de nicher et de vivre, doit s'appliquer également au colibri. Un même instinct anime ces deux charmans oiseaux, et c'est leur ressemblance qui les a fait souvent confondre sous un même nom, cependant ils différent l'un de l'autre par un caractère évident et constant. Cette différence est dans le bec ; celui des colibris, égal et affilé, n'est pas droit comme dans l'oiseau-mouche, mais courbé dans toute sa longueur. De plus, la taille svelte et légère des colibris paraît plus allongée que celle des oiseaux-mouche ; ils sont généralement plus gros : cependant il y en a de plus petits que les grands oiseaux-mouche.

Le courage et la hardiesse des colibris sont au-dessus de leur force. L'oiseau qu'on nomme *Gros-bec*, est friant de leurs œufs. Lorsqu'il s'approche du nid, le père et la mère s'élancent sur lui, le poursuivent ; l'oiseau, quoique fort et armé d'un bec vigoureux, fuit, jette les hauts cris ; il sent qu'il a à faire à des ennemis dangereux. Si les colibris peuvent le joindre, ils s'attachent sur son corps, le percent de leur bec affilé et aigu, et le poignardent jusqu'à ce qu'il périsse.

Il n'est pas plus facile d'élever les petits du colibri que ceux de l'oiseau-mouche ; aussi délicats, ils périssent de même en captivité. On a vu le père et la mère par audace et par tendresse, venir jusque dans les mains du ravisseur, porter de la nourriture à leurs petits.

Il ne paraît pas que les colibris s'avancent aussi loin dans l'Amérique septentrionale que les oiseaux-mouche. Le Mexique, où le climat n'est pas très-chaud, est l'endroit où on les rencontre en plus grand nombre; c'est donc à vingt ou vingt-un degrés de température, qu'ils se plaisent. « C'est là, dit M. Buffon avec sa grâce ordinaire, que, dans une suite non interrompue de jouissances et de délices, ils volent de la fleur épanouie à la fleur naissante, et que l'année, composée d'un cercle entier de beaux jours, ne fait pour eux qu'une saison constante d'amour et de fécondité. »

On prend les colibris de la même manière que les oiseaux-mouche. On les fait sécher à une chaleur douce, et leurs couleurs ne perdent rien de leur éclat. Les dames américaines les suspendent à leurs oreilles comme des diamans. On fait avec leurs plumes des tapisseries et des tableaux.

LA HUPPE.

Cet oiseau a près de douze pouces de long, et dix-neuf pouces d'envergure : le bec n'a guère moins de deux pouces : il est noir, mince et légèrement courbé ; la langue est très-courte et triangulaire ; les yeux sont noisette ; la tête est ornée d'une crête ou huppe , composée d'un double rang de plumes, de couleur orangée, et bordées de noir ; la plus haute a près de deux pouces de long L'oiseau les dresse ou les couche à son gré Le cou est d'un brun rougeâtre ; la poitrine et le ventre sont blancs ; les plumes du dos, les scapulaires et les ailes sont croisées par de larges bandes blanches et noires ; les plus petites couvertures des ailes sont

d'un brun clair; le croupion est blanc : la queue est
composée de dix plumes, marquées de bleu; lorsqu'elles sont fermées, elles forment une sorte d'
croissant. Les jambes sont courtes et noires.

On dit que la femelle fait deux ou trois pontes pa.
an; elle ne construit pas de nid; elle dépose ses œufs
dans le creux d'un arbre, ou même à terre.

La huppe est un oiseau solitaire; il est rare d'en
voir deux réunies. En Égypte, ou elles sont fort com.
.nunes, on ne les voit jamais que par petites troupes

LES GUÉPIERS (1).

LES guépiers proprement dits, ont l'iris d'un rouge vif, le bec noir, le front d'une belle couleur d'aigue-marine, le dessus de la tête d'un marron teinté de vert, le derrière de la tête d'un marron pur, mais qui s'éclaircit en s'approchant du dos ; le dessus du corps d'un fauve pâle, avec des reflets verts et rougeâtres plus ou moins apparens ; la gorge d'un jaune doré e éclatant, terminée, dans quelques individus, par un collier jaunâtre : le dessus du corps ainsi que la queue, d'un bleu d'aigue-marine ; les pennes claires, d'ur vert mélangé de roux, presque toutes terminées en noir ; les petites couvertures supérieures, d'un vert obscur; les moyennes, rousses, et les grandes, nuancées de vert et de roux ; les pieds, d'un brun rougeâtre ; les cinq pennes latérales de la queue sont égales entre elles, et les deux intermédiaires les dépassent de près de six pouces. Ils sont de la taille des mauvis.

Ils se nourrissent principalement de bourdons, de cousins, de cigales et d'autres insectes ; ils nichent dans des trous qu'ils creusent de cinq à six pieds de profondeur, et pondent six ou sept œufs.

(1) On a substitué les guépiers en général à l'espèce particulière des guépiers des Indes.

L'ENGOULEVENT.

L'ENGOULEVENT a quelque ressemblance avec le cou-
cou ; mais il se distingue de tous les autres oiseaux par
la construction de son bec et de ses pieds. Il a les tarses
courts et emplumés en partie ; le bec très-petit et
garni à la base de soies divergentes ; la mandibule
supérieure un peu comprimée, échancrée et crochue.
Le dessous du corps est peint de blanc et de rouge.

Cet oiseau se voit rarement en Angleterre ; il se tient
sur les rochers , dans les cavernes , dans les ruines ; il
se fait un nid grossier dans les endroits les plus écartés ;
il pond cinq œufs tachetés de blanc et de jaune. Il se
nourrit le plus souvent de souris qu'il met en pièces
avec son bec et ses ongles. On dit qu'il plume les petits
oiseaux avant de les manger.

LE MAUVIS.

LE mauvis est un peu plus petit que les grives, dont il approche beaucoup pour le plumage ; mais il se distingue par une ligne rouge au-dessous des yeux. Les taches du corps ne sont pas non plus entièrement les mêmes et les plumes latérales, ainsi que celles sous les ailes, sont teintes d'un rouge orangé. Le bec est d'un brun obscur, et les yeux couleur noisette.

Ces oiseaux arrivent dans nos contrées quelques jours avant le merle : on les voit ensuite communément ensemble. Ils fréquentent les mêmes places, se nourrissent de même, et se ressemblent sous différents autres points : ils nous quittent aussi au printemps.

La femelle fait sa ponte dans des haies découvertes. Ses œufs, ordinairement au nombre de six, sont d'un bleu verdâtre, tacheté de noir. La voix de ces oiseaux a peu d'agrément ; cependant on assure que dans les forêts du nord, leur climat originaire, leur chant est délicieux.

L'OISEAU DE PARADIS.

L'Oiseau de Paradis, à raison de son beau plumage, peut être traité après le paon et le faisan, quoiqu'étranger : il n'est pas de jeune homme qui ne désire le connaître, parce qu'on le voit dans presque tous les cabinets d'histoire naturelle. On le trouve aux îles Moluques, aux Indes. Quelques naturalistes lui donnent le nom de *Phénix*. On n'est pas d'accord sur l'origine de son nom, les uns l'attribuent à sa singulière beauté, d'autres, de ce qu'on ne le voit qu'en passant, sans savoir d'où il vient. Cette dernière raison paraîtrait le plus vraisemblable.

Quoiqu'il en soit, cet oiseau est des plus curieux par sa singularité, la forme et la situation de ses ailes, différentes de celles de tous les autres oiseaux ; car des deux côtés de la poitrine sortent de très-longues, très-larges et très-nombreuses plumes, qui dépassent de beaucoup la longueur de la queue et du croupion ; de quelques-unes sortent deux filets noirâtres, non emplumés, mais bien plus longs que les plumes mêmes. Ces plumes des flancs sont variées de blanchâtre, de marron pourpré, de blanc jaunâtre, et d'une belle couleur d'or : le reste du corps est mêlé d'un brun clair et de blanc.

L'Oiseau de Paradis vole avec la vélocité de l'hirondelle ; aussi l'a-t-on nommé *Hirondelle de Ternate*. Ces oiseaux volent presque toujours en troupes ; un d'eux paraît être leur chef, auquel ils obéissent ; toutes leurs démarches sont réglées sur la sienne ; s'il est tué, il est aisé au chasseur de se rendre maître du reste de la troupe, parce qu'elle ne fuit plus.

On a cru faussement que cet oiseau était sans pieds, ou qu'il les perdait par vieillesse ou par maladie : la vérité est, que les habitans du pays les vendant fort cher comme marchandise, sont dans l'usage, soit pour les conserver et les transporter plus commodément, ou peut-être afin d'accréditer une erreur qui leur est utile, de faire sécher l'oiseau, même en plumes, après lui avoir arraché les cuisses et les entrailles.

L'attachement exclusif de l'Oiseau de Paradis pour les contrées où croissent les épiceries, donne lieu de croire qu'il trouve toute sa nourriture sur ces arbres aromatiques où on le voit perché ; cependant plusieurs voyageurs assurent qu'il se nourrit d'autres fruits, et même qu'il fait la chasse aux petits oiseaux pour les manger.

Les Indiens font avec les plumes de ces oiseaux, des éventails ou des panaches, dont ils ornent leurs casques.

LE TOUCAN.

CET oiseau remarquable a près de vingt pouces de long ; le bec, d'un gris jaunâtre et roux à sa pointe, a six pouces de longueur, et près de deux pouces d'épaisseur à sa base ; les narines sont orbiculaires, situées près du front, et dans la plupart dénuées de plumes ; le dessous du corps est d'un noir lustré, avec une teinte verdâtre ; le dessous, le croupion, le dessus de la queue et les petites plumes des ailes sont de la même couleur, avec une pointe de cendré. La poitrine est orangée ; le ventre, les flancs, les cuisses et les courtes plumes de la queue sont d'un roux clair ; les rémiges sont d'un blanc verdâtre bordé de roux ; les pieds et les ongles sont noirs.

Dans leur état sauvage, ces oiseaux sont très-bruyans, s'agitent continuellement d'une place à l'autre, et vont à la recherche de leur pâture du sud au nord.

Les toucans nichent dans le creux des arbres : quelquefois ils font leur nid eux-mêmes ; le plus souvent, ils se contentent de celui que le hasard leur offre : la femelle pond deux œufs ; il est probable qu'elle fait plus d'une ponte par an ; aucun oiseau ne veille mieux sur ses jeunes.

Le toucan ne compte pas seulement au nombre de ses ennemis, les oiseaux, les serpents, l'homme ; mais encore les guenons, qui, pressées par la faim, vont souvent assaillir son nid. Placé dans son trou, il en

défend l'entrée avec son grand bec, et la guenon est forcée de se retirer.

Cet oiseau est originaire de la Guyane et du Brésil, il est fort recherché, dit-on, dans l'Amérique du sud, tant pour la délicatesse de sa chair que pour la beauté de son plumage, surtout des plumes de sa poitrine.

Cet oiseau se laisse facilement apprivoiser ; on peut alors le nourrir de tout ce qu'on veut : le raisin cependant semble être sa nourriture favorite ; il saisit les grains une à une avec une grande adresse, sans jamais les laisser tomber à terre.

Quand ces oiseaux marchent par troupes, il y en a toujours un qui demeure en faction pendant la nuit. Pendant que les autres sont livrés au sommeil, il se perche au-dessus d'eux sur le sommet de l'arbre, et fait continuellement entendre comme des sons étouffés, en agitant sa tête à droite et à gauche ; les Américains du sud l'appellent pour cette raison toucan prédicateur.

LE CORBEAU.

Les corbeaux ont le bec robuste, plus ou moins aplati par les côtés, l'arrête de la mandibule supérieure fortement arquée, les narines recouvertes par des plumes raides, dirigées en avant, la queue ronde ou carrée. Ce sont des oiseaux dont les sens, surtout l'odorat, sont très-subtils, qui ont l'habitude de dérober et de cacher tout ce qu'ils peuvent trouver, même des objets inutiles pour eux, comme des pièces d'argent; ils font des provisions pour l'arrière-saison, et se nourrissent de toute espèce d'alimens, graines, fruits, insectes et vers, chair vivante ou morte, en sorte qu'aucun genre d'animaux ne peut mieux mériter la qualification d'*omnivore*.

Le *corbeau* est le plus grand des passereaux qui se trouvent en Europe. Sa taille égale celle du coq; son plumage est tout noir, sa queue arrondie, le dos de sa mandibule supérieure arqué en avant. La femelle est d'un noir moins décidé, et sa taille est un peu plus petite. Cet oiseau vole bien , et haut, sent les cadavres de fort loin , se nourrit d'ailleurs de toutes sortes de fruits et de petits animaux , enlève même des oiseaux de basse-cour. Il vit très-retiré, mais par paires. Chaque mâle conserve sa femelle pendant un grand nombre d'années, peut-être toute sa vie. Ils font leur nid dans les crevasses des rochers , ou dans les trous des murailles , au haut des vieilles tours abandonnées , et quelquefois sur le sommet des arbres isolés. Ce nid très-grand est composé extérieurement de rameaux et de racines d'arbrisseaux ; des os de quadrupèdes , ou des fragmens de substances dures , en forment la seconde couche , et l'intérieur est tapissé de graminées, de mousse et de bourre. La femelle y pond , vers le mois de mars, cinq ou six œufs d'un vert pâle et bleuâtre, maiquetés d'un grand nombre de taches et de traits d'une couleur obscure. Le mâle partage avec la femelle les soins de l'incubation , qui dure une vingt-taine de jours. Le mâle défend courageusement sa jeune famille contre les milans et les autres oiseaux de proie , et les petits restent tout l'été avec leurs parens. Mais lorsqu'ils peuvent se suffire , ceux-ci les chassent de leur canton et reprennent leur vie solitaire. Ils ne font probablement qu'une couvée par an , mais ce peu de fécondité est bien compensé par la durée de leur vie qu'on dit être de plus d'un siècle. Il paraît d'ailleurs qu'on trouve cette espèce dans toutes les parties du monde ; mais, dans le nord , son plumage est souvent mêlé de blanc. Elle se laisse facilement apprivoiser, apprend assez bien à parler, et semble même capable de quelque attachement personnel.

LA CORNEILLE.

La *corneille*, d'un quart plus petite que le corbeau (dix-huit pouces de longueur); la femelle un peu moindre que le mâle, a la queue plus carrée, le bec moins arqué en dessus que dans l'espèce précédente, le plumage tout entier d'un noir à reflets violets. Elle vit par bandes pendant l'hiver, mais par couples pendant l'été ; et l'on dit que le même mâle et la même femelle se réunissent toujours chaque année. Ils construisent sur les arbres élevés un nid formé de menues branches, mastiquées avec de la boue et du crotin de cheval, revêtues en dedans de racines chevelues. La femelle y pond, une fois, chaque année, quatre ou cinq œufs de de même couleur que ceux du corbeau, et les couve alternativement avec le mâle environ vingt jours. Ils ont beaucoup d'attachement pour leurs petits, les défendent avec courage, et leur portent, entre autres alimens, des œufs de perdrix qu'ils ont l'adresse de percer par un bout et de retenir enfilés dans leur bec. La corneille paraît, comme le corbeau, répandue sur tout le globe; comme lui, elle s'apprivoise facilement et apprend à parler ; sa nourriture est également très-variée, mais elle a une prédilection pour les œufs d'oiseaux, surtout pour ceux des perdrix. L'hiver, elle abandonne les contrées les plus froides.

Son existence a donné lieu à bien des fables ; d'après ce que nous avons dit, il est sûr qu'elle vit au moins cent cinquante à deux cents ans.

LE FREUX.

LE *freux*, est encore un peu plus petit, a le bec plus
droit et plus pointu que la corneille, tout le plumage
d'un beau noir à reflets, qui sont moins éclatans chez
la femelle, d'ailleurs un peu plus petite. Excepté dans
la première jeunesse, le tour de la base du bec est dé-
pouillé de ses plumes, probablement parce que l'oiseau fouille souvent dans la terre pour y chercher sa
nourriture. Cet oiseau se trouve dans toute l'Europe,
mais plus communément dans le nord; et quoiqu'il
reste en France pendant toute l'année, nous n'en
voyons de grandes troupes qu'à l'approche de l'hiver.
C'est au mois de mars que les individus qui ne nous
ont pas quittés commencent à faire leur nid, dont on
voit jusqu'à dix ou douze sur le même arbre. La ponte
est de quatre ou cinq œufs d'un vert clair, et tachetés
de brun. Quand les petits sont assez grands pour suivre

leurs parens, ils quittent tous ensemble nos contrées,
se portent vers le nord et ne reparaissent que vers la
fin de septembre, après une absence de deux ou trois
mois. Comme les freux ne mangent pas de charognes,
on a moins de répugnance pour leur chair que pour
celle des espèces précédentes, et l'on dit même que les
jeunes, pris au sortir du nid, sont un mets fort délicat.

LE CHOUCAS.

LE *choucas*, ou *petite corneille des clochers*, à peu
près de la taille d'un pigeon (treize pouces), est d'un noir
moins profond que la corneille, tirant même souvent
au cendré autour du cou et sous le ventre. Ces oiseaux
vivent de graines, de fruits, de vers de terre, d'insectes
ou de larves, et ne paraissent toucher aux cadavres que
dans la disette d'autre nourriture. On en trouve dans
toute l'Europe, jusqu'à la partie occidentale de la Sibérie. Ils sont communs chez nous pendant l'hiver;

mais un grand nombre nous quittent vers le printemps.
Ceux qui nous restent ne s'isolent pas au temps des
amours ; et, soit qu'ils nichent sur les arbres des forêts, dans ler châteaux abandonnés ou dans les tours
des églises, ils placent leurs nids les uns près des autres. La femelle pond cinq ou six œufs, marqués de
taches brunes sur un fond verdâtre, qu'elle couve alternativement avec le mâle. Vers les mois de juin et
de juillet, toutes les couvées disparaissent et se repor-
tent vers le nord, où ils vont rejoindre les autres individus de leur espèce, et d'où ils reviennent avec
eux par grandes troupes, vers la fin de septembre. Ils
s'apprivoisent facilement et apprennent à parler.

LA CORBINE AUX PIEDS ROUGES.

CET oiseau doit son nom à la couleur de ses pieds :
il est de la taille du choucas, et d'une forme élégante.
Il ne supporte pas les températures rigoureuses. Il se
tient près des côtes ; on le voit rarement en Angleterre, si ce n'est dans les comtés de Galles et de Cor-
nouailles. Il a le bec long, très courbé, aigu au bout,
et d'un rouge éclatant. Le plumage est mêlé de violet
et de noir : les jambes sont rouges comme le bec ; les
ongles sont grands, très-courbés et noirs.

La femelle pond quatre ou cinq œufs blancs avec
des taches jaunes.

Cet oiseau est, pour ainsi dire, dans une agitation
continuelle. Il se nourrit d'insectes et de grains ; il
aime surtout, dit-on, les grains de genévrier.

On ne peut mieux l'attirer qu'en lui présentant quelque objet brillant. Il a souvent manqué de mettre le

feu à des maisons en enlevant du foyer, des morceaux
de bois enflammé. Les cabanes couvertes de chaume ne
sont pas à l'abri de ses injures ; avec son long bec,
il se plaît à faire de larges trous dans cette faible
toiture.

LA PIE.

Ce joli oiseau est commun en Angleterre : on le
trouve sur le continent : mais l'Italie est sa limite au
sud, et ses voyages vers le nord s'arrêtent en deçà de
la Laponie. Il est d'une telle rareté en Norwége, que la
vue d'une pie y est regardée comme le présage de la
mort.

La pie a dix-huit pouces de long ; le noir foncé de
la tête, du cou et de la poitrine forme un contraste
élégant avec la blancheur éblouissante des parties inférieures ; les pennes du cou sont très-longues et couvrent
tout le dos ; le plumage en général est d'un noir lustré
qui, vu de près, et sous certain jour, jette des reflets
verts, bleus, pourpres et violets ; la queue étagée est
très-longue ; les pieds sont également noirs.

La pie est omnivore : elle fait souvent de grands ravages dans les garennes et dans les basses-cours. Elle
n'entreprend jamais de longs voyages ; elle vole d'arbre
en arbre à peu de distance.

La femelle met beaucoup d'art dans la construction
de son nid ; elle n'y laisse d'ouverture qu'autant qu'il
lui en faut pour entrer et sortir ; elle le recouvre d'une
enveloppe à claire-voie, de petites branches épineuses
et bien entrelacées ; le fond est matelassé de laine et

d'autres matériaux mollets sur lesquels les jeunes peuvent se reposer commodément : elle pond sept ou huit œufs, d'un gris pâle et tachetés de noir.

La pie peut être apprivoisée ; on lui apprend à prononcer différens mots, et même de courtes phrases ; souvent quand un bruit étranger a frappé son oreille, elle cherche à l'imiter.

Elle est, comme d'autres oiseaux de son espéce, trésportée à dérober : elle a aussi l'habitude d'enfouir ses provisions superflues.

Dans le Nord de l'Angleterre, la vue d'une pie isolée est regardée comme un signe de mauvais augure ; la vue de deux, présage le bonheur ; la vue de trois annonce la mort ; et de quatre, un mariage

LE GEAI.

Le geai est un de nos oiseaux les plus beaux. Il a sur le front un toupet de petites plumes noires et blanches qu'il dresse à son gré, et dont les mouvemens sont

étroitement liés à ses sensations. Le dos et la poitrine
ont une teinte légère de cinabre ; les ailes sont nuancées
de noir, de blanc et de bleu. La voix du geai est rauque
et désagréable. A la vue d'un chasseur, il jette un
cri perçant qui donne aussitôt l'alarme, et déroute
l'ennemi.

Le geai se tient dans les bois : il construit un nid
grossier de petites racines entrelacées. La femelle pond
cinq ou six œufs d'un gris verdâtre avec de petites taches
plus foncées.

Le geai n'a pas moins d'aptitude que la pie à imiter
tous les bruits qui le frappent. Un de ces oiseaux imitait
si exactement le bruit de la scie, que les passans
croyaient entendre un charpentier à l'ouvrage. On leur
apprend à siffler, et à prononcer des mots.

LE ROLLIER.

CET oiseau approche de la grosseur du geai ; son plumage est de la plus grande beauté. Il offre, comme le perroquet, un assemblage des plus fines nuances bleues et vertes, mêlées avec du blanc, et relevées par le contraste de couleurs plus foncées. Ce mélange de couleurs lui a fait donner par quelques naturalistes le nom de perroquet d'Allemagne, quoiqu'il n'ait aucun rapport avec le perroquet. Il a le bec noir, garni à sa base de soies courtes et piquantes ; les yeux sont entourés d'un cercle de peau nue ; derrière les yeux, il y a comme une sorte de verrue ; la tête, le cou, la poitrine et le ventre sont d'un vert léger ; les extrémités des ailes et des couvertures supérieures sont d'un bleu éclatant ; les grandes couvertures sont d'un vert pâle ; les tuyaux sont d'une teinte foncée tirant sur le noir et mêlée d'un bleu sombre ; il y a du bleu au croupion. La queue est un peu fourchue ; le dessus des plumes est d'un vert foncé, le milieu d'un bleu pâle, et l'extrémité noire. Les tarses sont courts et d'un jaune foncé.

Cet oiseau est commun en Allemagne : on le voit rarement en Angleterre ; il est le seul de l'espèce des rolliers que l'on connaisse en Europe.

Les espèces de la Chine, de Cayenne et de l'Abyssinie se distinguent par l'éclat de leur plumage.

L'ÉTOURNEAU.

Cet oiseau n'a guère plus de neuf pouces de long : il a le bec droit sans échancrures vers la pointe, d'un brun jaunâtre dans les jeunes, et d'un jaune sombre dans les vieux. Les narines sont à demi-recouvertes par une membrane ; les yeux sont bruns ; le plumage est en général d'une teinte obscure nuancée de vert, de bleu, de pourpre et de couleur de cuivre ; à l'extrémité de chaque plume, il y a une plaque d'un jaune pâle ; les couvertures des ailes sont bordées d'un brun jaunâtre ; les pennes des ailes sont sombres ; les jambes sont d'un brun rougeâtre. Dans la femelle, le bout des plumes de la poitrine, du ventre et de la gorge est blanc.

Peu d'oiseaux sont aussi connus que l'étourneau ; on le trouve dans tous les climats. Comme on l'apprivoise facilement, on a pu mieux observer ses mœurs.

Les étourneaux sont tellement amis de la société, qu'ils ne vont pas seulement de compagnie avec ceux de leur espèce, mais s'associent avec les grives, le mauvis, même avec le hibou, le choucas et le pigeon.

La femelle fait un nid sans art dans le creux des arbres, dans les crevasses de rochers, quelquefois dans des trous de roches sur les côtes de la mer. Elle pond quatre ou cinq œufs d'un gris cendré. Les jeunes, jusqu'à la première mue, sont d'un brun sombre.

Pendant l'hiver, ces oiseaux volent par bandes immenses ; on les reconnaît de très-loin à la singularité de leur vol. Buffon les compare à une troupe disciplinée, obéissant à la voix d'un chef, et se rapprochant toujours par instinct du centre du peloton, tandis que la rapidité de leur vol les emporte sans cesse au-delà.

Les escargots, les vers et les insectes, forment leur nourriture principale ; ils mangent aussi des grains, des fruits, et sont, dit-on, surtout amateurs de cerises. Quand ils sont privés, on peut aussi leur donner de la viande hachée menue, ou du pain trempé. On les accuse, mais peut-être à tort, d'entrer dans les colombiers, et de sucer les œufs

LE MERLE A PLASTRON BLANC.

CET oiseau est généralement d'une couleur noire ou sombre : chaque plume est bordée d'un gris cendré ; le bec est obscur, les coins et l'intérieur sont jaunes ; les yeux couleur de noisette. Sur la poitrine et sur le ventre, on remarque un plastron blanc, d'où l'oiseau a pris son nom. Dans la femelle, ce plastron est moins apparent : il manque même entièrement dans quelques individus; ce qui a engagé quelques auteurs à les considérer comme une espèce à part, sous le nom de merles des rochers.

Cet oiseau se trouve dans différentes parties de l'Angleterre ; mais le plus communément dans les cantons les plus incultes et les plus montagneux.

Il a les mœurs du merle ordinaire. La femelle construit son nid de la même manière, dans les mêmes emplacemens, et pond quatre ou cinq œufs de la même couleur. Il se nourrit d'insectes et de différentes sortes de graines : il aime beaucoup les raisins.

LA GRIVE.

Les grives renferment un grand nombre d'espéces différentes, qui s'accordent toutes dans les traits suivans : le bord du bec supérieur, échancré vers la pointe, l'intérieur du bec jaune ; sa base, accompagnée de quelques poils ou soies noires, dirigées en avant ; la première phalange du doigt extérieur unie à celle du doigt du milieu ; la partie supérieure du corps, d'une couleur plus rembrunie, et la partie inférieure, d'une couleur plus claire et grivelée. (1)

La grive proprement dite, ou la grive chanteuse, a près de onze pouces de long : le bec est d'une couleur sombre ; la base du bec inférieur est jaune ; les yeux sont couleur de noisette ; la tête, le dos, et les plus petites couvertes des ailes, sónt d'un olive brunâtre ; les couvertures sont bordées de blanc. Le dessus du dos est d'une teinte jaune.

(1) Buffon.

Le chant de cet oiseau annonce le retour du printemps, et dure pendant les trois quarts de l'année. On l'entend souvent, quand le ciel se charge de nuages, ce qui l'a fait surnommer dans quelques pays, l'oiseau des tempêtes. Quand la grive est inquiète, son ramage rauque et bruyant semble un mélange de gazouillement et de cris. Dans son état ordinaire, sa gamme est une échelle mélodieuse de sons doux et graves; elle chante souvent plusieurs heures de suite sans la moindre interruption. Si on l'élève avec la linotte et le rossignol, elle semble étudier leur chant, et finit par se l'approprier.

La grive se nourrit de toutes sortes de graines et de quelques insectes.

Elle se trouve dans différentes parties de l'Europe; elle niche dans les bois, dans les vergers, et souvent dans les buissons, à peu de distance du sol. De la mousse bien fine, mêlée avec du gazon et du foin, forment l'extérieur du nid; l'intérieur est soigneusement abrité contre le froid. La femelle pond ordinairement cinq ou six œufs bleus, tachetés de noir. Buffon dit que dans quelques districts de la Pologne, les grives se réunissent en un tel nombre, que les habitans les prennent par milliers.

LA LITORNE.

Cet oiseau est un peu plus petit que la grive chanteuse.

Il a le bec jaune, les coins du bec garnis de quelques poils noirs; les yeux d'un brun clair: le sommet de la

tête et le derrière du cou sont d'une couleur cendrée ;
le devant est tacheté de blanc ; le dos et les couvertures
des ailes sont d'une couleur brune ; la gorge et la poitrine sont jaunes, régulièrement tachetées de noir ; le
ventre et les cuisses sont d'un blanc jaunâtre ; le croupion est cendré, et les pieds sont d'un brun jaunâtre ou
entièrement jaune.

Il y a une variété de cet oiseau dont la tête et le cou
sont d'un blanc jaunâtre ; le reste du corps presque de
la même couleur est mêlé avec quelques plumes brunes.
Les taches de la poitrine sont foncées, et semées sans
ordre. Les plumes des tuyaux sont entièrement blanches, tandis que les pennes latérales sont brunes ; la
queue offre la même nuance.

La litorne ne fait que visiter l'Angleterre ; elle se
montre au commencement d'octobre, quand la rigueur
de l'hiver la chasse du nord ; elle demeure avec nous
jusqu'à la fin de février où elle reprend ses courses et

retourne en Russie, en Suède, en Norwège, et même jusqu'en Sibérie et au Kamtschatka. Elle fait sa ponte en Suède et en Norwège.

Ces oiseaux nichent sur de hauts arbres ; ils s'y tiennent pendant le jour, mais on les voit aussi quelquefois sur le sol. Durant l'hiver, ils se nourrissent de différentes graines, de même que de vers, d'escargots et de limaçons.

On les rencontre quelquefois isolés, mais le plus souvent par bandes nombreuses, et volant en corps. Quoiqu'ils se dispersent quelquefois dans les champs, à la recherche de leur pâture, ils se perdent rarement de vue l'un l'autre, et à la moindre alarme, ils prennent leur volée, et se réunissent sur le même arbre.

On est fondé à croire, dit M. Bingley, que ces grandes troupes d'oiseaux ont, pour ainsi dire, des piquets d'observation pour les avertir de la moindre apparence de danger. Quand une personne s'approche d'un arbre où se trouvent des litornes, elles ne s'envolent qu'après que, de l'extrémité du boccage, une autre leur a donné le signal d'alarme, elles fuient alors toutes, à l'exception d'une ou de deux qui semblent rester en arrière pour s'éclairer sur la réalité du danger ; les informations prises, elles s'envolent à leur tour, et répètent le cri d'alarme.

Les épicuriens romains recherchaient beaucoup ces oiseaux.

Varron les regarde comme des oiseaux de passage qui arrivent avec l'automne, et partent avec le printemps. Il faut que les passées en aient été bien considérables, pour expliquer ce que raconte le même auteur, des volières où l'on élevait des litornes par milliers.

Limoges. — Imp. E. Ardant et Cⁱᵉ

www.ingramcontent.com/pod-product-compliance
Lightning Source LLC
LaVergne TN
LVHW021742170726
843503LV00004B/1683